爱自然巧发现

# 神奇的矿物

（日）円城寺 守●著

彭昭亮 雨晴●译

U0200618

中国林业出版社

# 目录

## 第一章　岩石、矿物究竟是什么

## 第二章　岩石图鉴

## 第三章　矿物图鉴

# 岩石、矿物是在哪里采挖的呢

这个自动卸货卡车
应该可以装 300 吨

嘿，原来在这种地
方可以挖到呀！

……这地方好
大哦……

　　这里是美利坚合众国的科罗拉多州克里普尔克里克地区的金矿山。这片区域从20世纪初起就盛行金矿采挖，现在这里仍有在持续开采的金矿。

石见银山是一座一直采挖了近400年的日本银山。现在被收录在世界遗产名录里的矿山遗迹一列。

以前就在这里采挖矿物的哟

这个暗暗的洞穴就是位于岛根县的石见银山哦

连国会议事厅的建筑也
会用到呢……

# 岩石、矿物被应用在什么

岩石、矿物被广泛应用在我们身边的事物上。你每天司空见
们生活中起到重要作用的资源。

石城墙上也用到……

石桥

大佛会用到

# 地方

西里可能就有它们的踪迹。岩石矿物都是在我

雕刻

地铁里的墙壁

# 让我们一起探索岩石、矿物

岩石、矿物有各种各样的颜色和形状。

有尖尖的也有圆圆的，有像头发一样细小的，也有如丝缕一般模样的，有很多很多看起来就觉得新奇古怪的种类。

**紫晶**
是一种以紫色为特征的粗晶石英晶体。

**墨晶**
是水晶同类，宝石名叫 morion。

**玛瑙**
特征是有着排列的条状丝缕纹样，如洋葱一般层层叠叠的构造。

**硅质岩**
(请参看第 37 页)

界吧

**橄榄岩**
(请参看第 43 页)

**火山毛(玻璃丝)**
它是由玄武岩浆从火山
喷发，熔融的玄武岩质
颗粒飘浮空中快速冷凝
成的玻璃丝状物。

**虎眼石**
有着一定光泽度的金褐色、
条带丝缕纹饰的矿物。

**岩盐**
(请参看第 60 页)

**孔雀石**
正如名字一样，是一种纹路
很像孔雀羽毛的矿物。

# 第一章
## 岩石、矿物究竟是什么

让我们来聊聊岩石、矿物的诞生吧。它们诞生于100多亿年前的"宇宙大爆炸"。基于那次大爆炸，开始了各种各样的元素的形成。元素渐渐聚集在一起，不久就形成了太阳系。在那样的元素运动中，地球诞生了。刚诞生时的地球表面还是整片岩浆海，过了一阵子就冷却了下来。云层出现，雨水降落，陆地也形成了。经过了这样长时间的物质运动，才有了我们现在见到的岩石、矿物。好了，让我们来探索一番岩石、矿物的世界吧！

# 元素是所有物质之源

##  大爆炸

宇宙起源于大爆炸，物质也随之诞生。大爆炸发生之后（这里说的"之后"实际上是指爆炸后过了0.0001秒），产生了最根本的物质粒子——质子、中子和电子，这些粒子们结合在一起就形成了"元素"。元素是所有物质的形成根源。连人类也是由各种元素组成的，岩石和矿物也不例外。

最初只有氢和氦这种单纯的组成元素诞生，它们渐渐聚集得越来越多，聚集之处温度上升（中心的温度超过了10000℃）。超高温度导致了核融合反应的产生，形成了恒星。像太阳那种自身能发光的天体便是恒星。

然后，随着恒星内部温度变得更高，核融合反应继续进行，合成了更多复杂的构成元素。比如氢起反应形成了氦，氦起反应形成了碳，碳与氦一起又反应形成了氧，诸如此类。碳堆反应中得出氖和镁，然后硅和磷、硫、氩、钙、钛、铬和铁等各种各样的元素也在不断的反应中形成了。

元素的量并不是均等的。在宇宙、太阳系里存在的各种元素里，有数量较多的、也有数量较少的元素，有比较稳定的、也有容易发生反应而分裂的元素。所以元素是一种不均衡的存在。正是因为这种"失衡"，才导致所有基于元素构成的物质（当然也包括了岩石矿物）的数量也不均衡。

大爆炸

\* 核融合反应：重量轻的原子核黏附结合一起，变成了重原子核的过程。

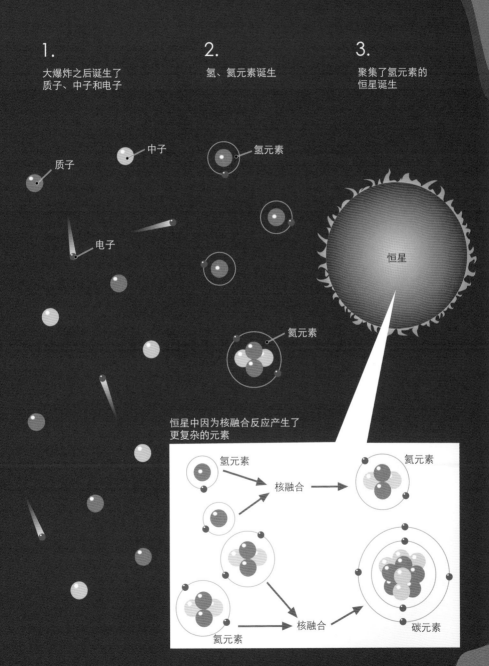

**1.**

大爆炸之后诞生了
质子、中子和电子

**2.**

氢、氦元素诞生

**3.**

聚集了氢元素的
恒星诞生

中子

质子

电子

氢元素

氦元素

恒星

恒星中因为核融合反应产生了
更复杂的元素

氢元素

核融合

氦元素

核融合

氦元素

碳元素

**13**

## 元素与化合物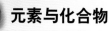

现在，地球上有90多种已知的天然元素。元素里有构成较单一的，也有构成较复杂的。人们把元素以其质子数的多少为顺序编号排列，将拥有相似化学性质的元素划分在一个周期里。右边的图叫做元素周期表，竖列里的元素都属于同一族，拥有相似的特性。

物质都是由这些元素构成的，由一种元素构成的物质叫做单质，由不同元素组合构成的物质叫做化合物。有很多化合物就是经过单纯的化学反应，由1~5种元素吸附组合成的集合体。

在这种单纯的组合反应里，某元素能将别的元素置换，把它从原来的化合物里脱离出来，自己吸附到它原来的位置，就这样形成了变化多样的化合物。

周期表里横行代表的是元素周期，越往下元素的构成越复杂。

| 7 | 8 | 9 | 10 | 11 | 12 | 13 | 14 | 15 | 16 | 17 | 18 | 族 / 周期 |
|---|---|---|---|---|---|---|---|---|---|---|---|---|

—— 常温状态
(气体标示为 ◯ 液体标示为 ◌ 除此以外皆为固体)

—— 原子序号

—— 元素符号

—— 元素名称

—— 原子数量

| | | | | | | | | | | | 2 He 氦 4.003 | 1 |
| | | | | | | 5 B 硼 10.81 | 6 C 碳 12.01 | 7 N 氮 14.01 | 8 O 氧 16.00 | 9 F 氟 19.00 | 10 Ne 氖 20.18 | 2 |
| | | | | | | 13 Al 铝 26.98 | 14 Si 硅 28.09 | 15 P 磷 30.97 | 16 S 硫 32.07 | 17 Cl 氯 35.45 | 18 Ar 氩 39.95 | 3 |
| 25 Mn 锰 54.94 | 26 Fe 铁 55.85 | 27 Co 钴 58.93 | 28 Ni 镍 58.69 | 29 Cu 铜 63.55 | 30 Zn 锌 65.41 | 31 Ga 镓 69.72 | 32 Ge 锗 72.64 | 33 As 砷 74.92 | 34 Se 硒 78.96 | 35 Br 溴 79.90 | 36 Kr 氪 83.80 | 4 |
| 43 ※Tc 锝 97.91 | 44 Ru 钌 101.07 | 45 Rh 铑 102.91 | 46 Pd 钯 106.42 | 47 Ag 银 107.87 | 48 Cd 镉 112.41 | 49 In 铟 114.81 | 50 Sn 锡 118.71 | 51 Sb 锑 121.76 | 52 Te 碲 127.60 | 53 I 碘 126.90 | 54 Xe 氙 131.29 | 5 |
| 75 Re 铼 186.20 | 76 Os 锇 190.23 | 77 Ir 铱 192.22 | 78 Pt 铂 195.08 | 79 Au 金 196.97 | 80 Hg 汞 200.59 | 81 Tl 铊 204.38 | 82 Pb 铅 207.2 | 83 Bi 铋 208.98 | 84 Po 钋 (208.98) | 85 ※At 砹 (210) | 86 Rn 氡 (222.02) | 6 |
| 107 ※Bh 𬭛 (264.12) | 108 ※Hs 𬭳 (265.73) | 109 ※Mt 䥑 (266.13) | 110 ※Ds 𫟼 (269) | 111 ※Rg 𬬮 (272) | 112 Cn 鎶 277 | | | | | | | 7 |

| 60 Nd 钕 144.24 | 61 ※Pm *钷 (144.91) | 62 Sm 钐 150.36 | 63 Eu 铕 151.95 | 64 Gd 钆 157.25 | 65 Tb 铽 158.93 | 66 Dy 镝 162.50 | 67 Ho 钬 164.93 | 68 Er 铒 167.26 | 69 Tm 铥 168.93 | 70 Yb 镱 173.04 | 71 Lu 镥 174.97 | 镧系 |
| 92 U 铀 238.03 | 93 Np 镎 (237.05) | 94 Pu 钚 (244.06) | 95 ※Am 镅 (243.06) | 96 ※Cm 锔 (247.07) | 97 ※Bk 锫 (247.07) | 98 ※Cf 锎 (251.08) | 99 ※Es 锿 (252.08) | 100 ※Fm 镄 (257.10) | 101 ※Md 钔 (258.10) | 102 ※No 锘 (259.10) | 103 ※Lr 铹 (260.11) | 锕系 |

# 岩石与矿物的差异

 **矿物是什么？**

元素聚集在一起形成了化合物。比如，氧元素和硅元素聚集在一起，变成了化合物二氧化硅。二氧化硅在适当的条件下可以形成几种不同结构的类别，但那些都可统称为矿物。石英（请参照第61页）便是其中一种。二氧化硅是氧和硅反应得出的其中一种化合物，石英就是二氧化硅的结晶形态。

总之，矿物就是元素的集合体（化合物），由好几种不同的元素聚集而成。长石（请参照第61页）是由氧、硅、钾、铝、钠、钙聚集而成的矿物，而云母（请参照第62页）则由氧、硅、钾、铝、氟、铁、氢、镁这几种元素形成。

各种各样的元素聚集，而彼此有着不同的结合方式，才形成了矿物的不同种类。至今已知的矿物种类大约有4700种，但我们平常接触到的也大概只有100多种。

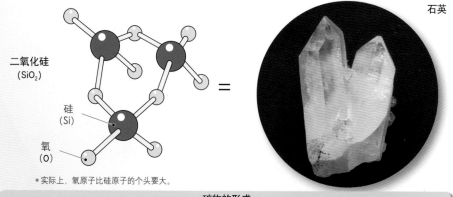

二氧化硅
（SiO$_2$）

硅
（Si）

氧
（O）

石英

＊实际上，氧原子比硅原子的个头要大。

**矿物的形成**

# 岩石是什么?

岩石是地球组成的基本要素之一。地球表面大部分是由岩石构成的。那么,岩石究竟是由什么组成的呢?

举个例子,把花岗岩(请参照第42页)放大来看,就能看见里面有石英、长石和云母的晶体。实际上,组成岩石的成分正是矿物。各种各样的矿物聚集而成的集合体,就是岩石。

按岩石形成成因可分为三大类:岩浆岩、变质岩和沉积岩(请参照第30~31页)。基于此再进行细分,便有了更多类别,它们都分布于世界各地,能反映出其所在地域性质状况。岩石是不同矿物的集合体,根据其组成的矿物种类与数量不同,也造成了很多形态结构各异的岩石。

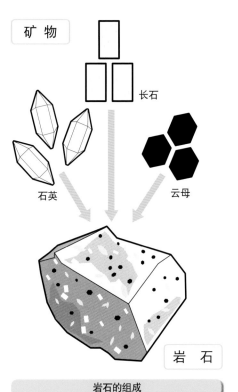

**矿物**

长石

石英

云母

**岩 石**

岩石的组成

这应该是由四种矿物组成哦

石英

黑云母

微斜长石
(钾钠长石)

斜长石
(钠钙长石)

日本冈山市万成产出,中国也有多种花岗岩产出

花岗岩的放大图

## 只有一种元素组成的矿物、只有一种矿物组成的岩石

矿物乃元素的集合体，岩石则是矿物的集合体。石英、长石、云母等构成岩石主要成分的矿物，被称为造岩矿物。元素和造岩矿物可以是同一种类，也就是说矿物可以由单一元素组成。

比如，金刚石是主要由单一碳元素组成的矿物。而自然铜也是主要由单一铜元素组成的矿物。

我们在这里说的"主要成分"，是指

自然产出的矿物里，一般会含有微量的杂质（主要成分以外的元素），几乎可以忽略不计，但为追求科学上的精确而说"主要成分"。

同样，岩石里也会有只由单矿物构成的种类。被应用在建筑、雕刻里的石灰岩（请参照第37页）就是这样一种岩石。

岩石·矿物的世界里可是有很多例外呢

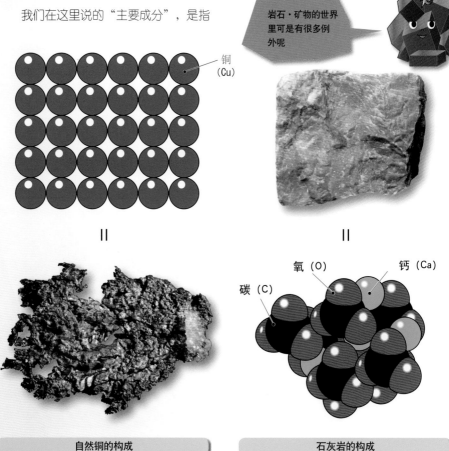

铜（Cu）

氧（O）　钙（Ca）

碳（C）

‖

‖

自然铜的构成

石灰岩的构成

**关于石头的谚语**

在日本，有许多含有 "石" 字的谚语。比如，广为人知的 "坐冷石三年热" 这句谚语。这句话的拓展含义是，"不管事情有多艰辛困难，只要坚忍坚持，总有一天能达成目标"。原意是 "即使再冷的石头坐上3年也会热起来"。具有相同意思的还有中国的 "水滴石穿" 等成语。意思是，"不管是多小的力量，只要坚持努力，总会有成功的一天"。从屋檐上滴下来的雨滴，长时间落在同一个地方，那个地面虽是坚硬的石头构成但也会被不懈的雨滴打出凹坑。"水滴石穿" 这个词便是因这小故事而产生。这也是实际现象，经过长年累月的风雨侵蚀，岩石就会有风化现象（请参照第28页）。

中国有很多与 "石" 相关的词语，比如：海枯石烂、安如磐石、点石成金、飞沙走石、心如铁石、石沉大海等等。

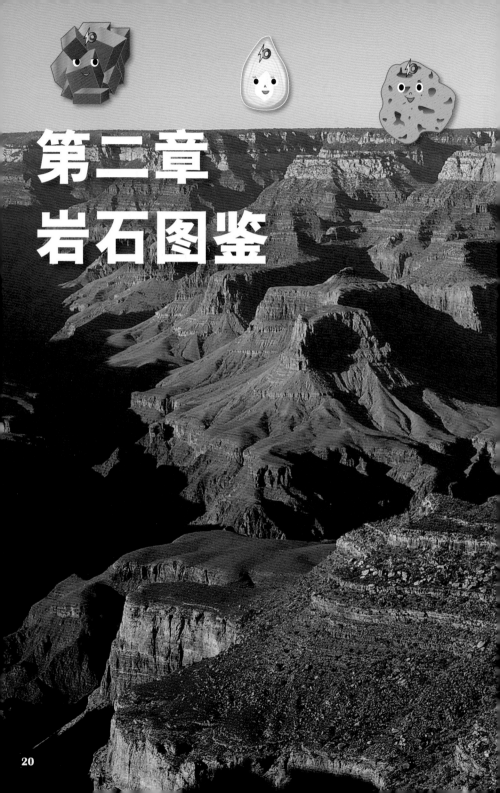

# 第二章
# 岩石图鉴

地球的表面也叫"地壳"，由岩石构成。根据岩石的不同成因，可划分成三大类:岩浆岩、沉积岩和变质岩。但它们并不是完全不同的"别种物质"，而是可能以另一个形态存在而已。所以即便我们现在看到的岩石是变质岩，它以前可能是沉积岩，也可能是岩浆岩。或者说，岩浆岩也好沉积岩也罢，它们也许只是种类不同的岩石而已，本质并无不同。那么，岩石究竟是怎样形成的，有着怎样的特征呢？让我们一起看看吧！

# 地球结构与岩石、矿物

 **地球内部的圈层结构——地球是个"温泉蛋"！**

人们常用水煮蛋来比喻地球的构造。请看看地球的局部切面图。地球的构造从外到内分别为地壳、地幔、外核和内核。地球内部这些构造分界面，古时人们就已根据地震波的传递性质和速度等推测确定下来了。岩石和矿物大多位于地壳部分。如果从地球的整体构造来看，地壳算是比较薄的一层。用海洋来比的话，若是海洋只有数千米深度，那么陆地部分的厚度相比起来只是数万米左右。

虽然被喻为"水煮蛋"，但地幔和外核并不是固态，而是黏稠的塑性状态（软流层），所以比起"水煮蛋"这个比喻，倒不如说细分为"温泉蛋"更形象些。

地壳

地球？

温泉蛋？

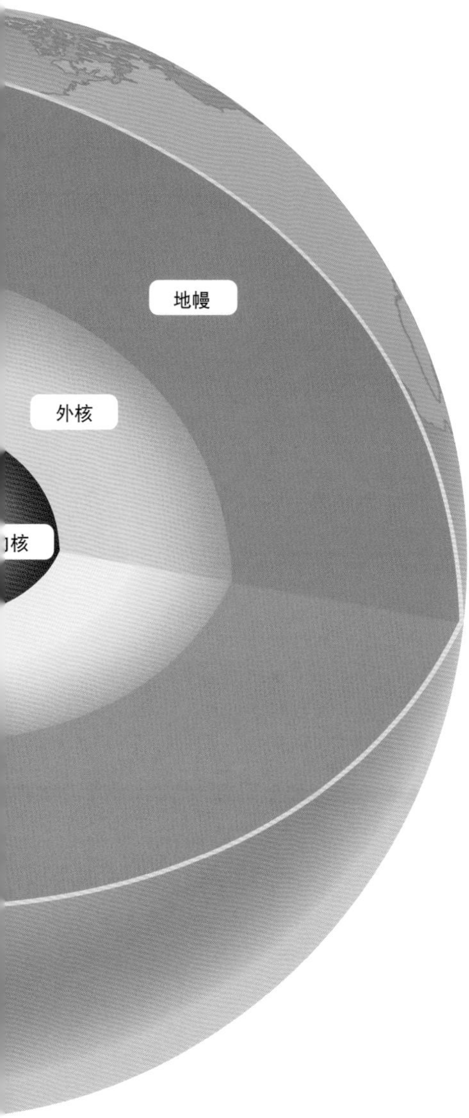

## 地核（内核　外核）

从地球中心周围半径约 3500 千米的部分就是地核，那里的温度高约 6000℃。地核体积大概是整个地球体积的 15%，内部划分为中心部分的内核和外侧的外核。据说内核是由固态铁组成，而外核则是液态铁。

地幔

外核

内核

## 地幔

地幔体积约占整个地球体积的 83%，主要为岩石构成。地幔上层顶部因温度高，物质处于软流状态。帐幔能把东西包裹遮掩起来，地幔也一样，它包住的是地核。

## 地壳

地壳就是地球的表面，由岩石构成。地壳的厚度随地球表面地形不同而变化，不同地方厚度也不一样。大陆区域厚约 30 ～ 60 千米，而海洋区域则薄很多，厚度是 10 千米以下。地壳体积较小，约为整个地球体积的 2%。

# 板块构造

## 地壳在运动

地幔和外核都是移动的，都在不断运动，所以我们也可以认为基于它们之上的地壳也随之不断运动。这也叫做板块构造学说和大陆漂移学说。

覆盖地球表面的地壳，分成约20个板块，这些板块随着时间流逝也不断互相碰撞合并又分离。它们有些碰撞在一起，被挤压得隆升了起来，而其中一个板块俯冲凹陷下去，就这样形成了大片的山脉群，这叫造山运动。而拉伸张裂开来的那些，

为了填补分离造成的空隙，生成了岩浆，岩浆喷涌而出，形成了火山喷发。板块构造学说认为，地球上各种各样的现象都是因为板块活动而造成的。因为这些板块的运动，地球上的陆地随着移动，经过了数亿年，就形成了我们今天看到的样子。这就是大陆漂移学说。

这也很好地解释了岩石矿物的成因。地壳随着板块的运动而运动，运动的力量促使岩石矿物的生成和变化。

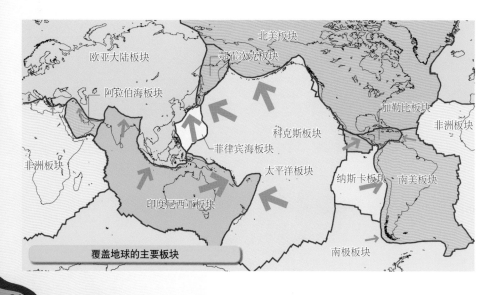

覆盖地球的主要板块

北美板块
欧亚大陆板块
鄂霍次克板块
阿拉伯海板块
加勒比板块
非洲板块
科克斯板块
菲律宾海板块
太平洋板块
非洲板块
纳斯卡板块
南美板块
印度尼西亚板块
南极板块

24

## 造山运动的过程

板块是地壳和地幔上层（上地幔）构成的。当地幔移动，板块也跟着运动，这期间可能会跟别的板块相撞。日本处于欧亚大陆边缘，板块运动较活跃，很容易引起造山运动，形成山脉。中国的高山也是因为这样的运动而形成的。

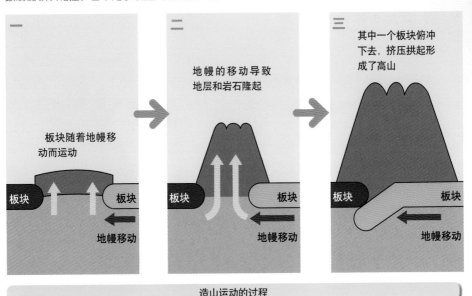

一

板块随着地幔移动而运动

板块　板块

地幔移动

二

地幔的移动导致地层和岩石隆起

板块　板块

地幔移动

三

其中一个板块俯冲下去，挤压拱起形成了高山

板块　板块

地幔移动

造山运动的过程

## 覆盖地球板块的运动

板块会移动，与别的板块碰撞。

海洋板块与大陆板块相碰时，海洋板块就俯冲到大陆板块下面。大陆板块由平均厚度 30 ~ 40 千米的岩石组成，而海洋板块的岩石厚度为 10 千米以下。当两者相碰，海洋板块就被挤压俯冲到大陆板块下面了。

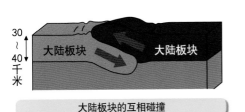

30 ~ 40 千米

大陆板块　大陆板块

大陆板块的互相碰撞

大陆板块　海洋板块

海

10 千米以下

岩浆

大陆板块与海洋板块的碰撞

# 岩石会不断改变面貌

## 岩石的循环

　　坚硬的岩石位于地壳，你可能觉得那是不会变化的硬物，其实不然。随着周围环境改变，岩石也经常发生变化。不但会改变形状、所处位置，会消散或者重生，随着时间流逝，还会慢慢改变形态。

　　水、风和火是它们发生变化的几大助力。在地底深处，地层和岩石因隆起等运动而受挤压拱起，这些岩层会受到运动的影响而改变形态。再者，地层运动会产生各种大量的压力，岩石会被这些压力破坏或扭曲。就这样，岩石矿物就受到各种破坏，形成了千姿百态。

　　岩石的形成方式并非一成不变，地上和地下的岩石会有个循环周期，我们叫做"岩石循环"。这里说的"循环"，实际上是物体循环改变形态的意思。在英语里译作"cycle"，和自行车（bicycle：有2个轮子的车）运动的英文"cycling"，废品回收"recycle"一样有相似的词根意思，均表示循环的圆圈，周期之意。

　　地表上看得见的岩石，不管是什么类型的，无一例外会受到水、风、火等自然

火山岩

岩浆岩

深成岩

力的影响，表面会受到侵蚀变成大大小小的粉末或颗粒状。这些从岩石风化剥离的颗粒，又会借助水力，从河川漂到湖海，逐渐垒积起来，变成堆积物。

　　这些堆积物，又会因沉降运动而深埋回地下，变成沉积岩。

这种岩石在被埋在地下的时候，会因为高温高压的影响变成变质岩，或者沉没至更深处熔化成岩浆。熔化的岩浆在地下更深之处可能会变为深成岩（请参照第39页），或者再次喷出地表生成火山岩（请参照第39页）。

而深成岩在地下受到高温高压，可能又会变成变质岩。这样变质岩可能再次被深埋熔化成岩浆，也可能直接随着上升运动出现在地表。人们认为岩石就是这样进行着时单纯时复杂的形态循环。

## 岩石的风化

无论是哪类岩石，要是出现在地表附近，都会受到各种自然影响而改变本来形状。

雨水降落下来，浸透到岩石里，不久就会把岩石表层物质溶化。要是在结冰的环境中，水分在岩石裂缝里凝结成冰时，体积就会变大，从而破坏岩石。随着时间流逝，冰川和风也会逐渐把岩石侵蚀。植物会从矿物的裂隙里进入，其根部生长把岩石撑裂。而地震、火山活动也会导致岩石崩坏碎裂。这些变化，都统称为"风化现象"。

岩石就这样发生了崩裂，渐渐会变成更加细碎的东西。

嘿呀！

咔嚓！

**因结冰产生的风化**

由于结冰，水的体积变大，把岩石的裂缝撑得更大，这种张力破坏了岩体，这就叫做冰劈作用。（水凝结成冰时，体积约增加 10%）

**因植物产生的风化**

树木等因根部生长扩张而导致岩石碎裂，这就是根劈作用。

**碎屑物**

岩石崩裂成更加细小的物体，那个物体就叫做碎屑物。碎屑物是岩石碎片或矿物颗粒的集合体。构成碎屑物的成分有很多，有时研究这些成分就能知道所在地区的地质环境如何。

碎屑物中特征最明显的有火山碎屑物。随着火山喷发，地表就会有许多喷发出来的碎屑物。这种碎屑跟因风化现象从本体剥离的小碎屑性质不一样，就被另外划分成一类。

但是，自然界里的物体大小并不能简单地进行排序区分，形状也不定，所以要严密地进行分类比较困难。测量也会有误差，故把这些误差都考虑在测量范围里非常重要。

碎屑物是由大小相似的细小物质混合在一起的集合，这些物质会按某种顺序进行均匀整合，又会沉入水中或飘到空气中。碎屑堆积起来，不久又成了扎根于地上的固态物，不断累积又再变成体积更大的岩石。

| 根据碎屑物粒子的大小进行分类 | | | |
| --- | --- | --- | --- |
| 粒子直径（毫米） | 粒子类型 | 碎屑物（碎屑岩） | 火山碎屑物 |
| 256 以上 | 巨砾 | | 火山岩块 |
| 64 ～ 256 | 大砾 | 砾（砾岩） | |
| 4 ～ 64 | 中砾 | | 火山砾石 |
| 2 ～ 4 | 细砾 | | |
| 1 ～ 2 | 极粗砂粒 | | |
| 1/2（0.5）～ 1 | 粗砂粒 | | |
| 1/4（0.25）～ 1/2 | 中砂粒 | 砂（砂岩） | |
| 1/8（0.125）～ 1/4 | 细砂粒 | | |
| 1/16（0.063）～ 1/8 | 极细砂粒 | | 火山灰 |
| 1/32（0.032）～ 1/16 | 粗粒粉沙 | | |
| 1/64（0.016）～ 1/32 | 中粒粉沙 | 泥（泥岩） 沙（沙岩） | |
| 1/128（0.008）～ 1/64 | 细粒粉沙 | | |
| 1/256（0.004）～ 1/128 | 极细粒粉沙 | | |
| 0.004 以下 | 黏土 | 黏土（黏土岩） | |

# 三大类岩石

## 沉积岩 · 岩浆岩 · 变质岩

　　构成地壳的岩石，大体可分为沉积岩、岩浆岩和变质岩三大类。岩石在长年累月里受热熔化，又冷却凝固，再受压挤压变形，崩碎成细小的粒子……就这样从一个形态变换到另一个形态。根据这个形成过程，大体划分成这三大类岩石。

　　沉积岩、岩浆岩和变质岩都各自有自己的特征哦。

### 沉积岩

　　岩石发生风化侵蚀现象，就产生了各种大小不同的碎屑物。碎屑借水力风力运动，重新堆积在一起，垒得越来越多时就又成了固态岩石，这种岩石就是沉积岩。此外，因火山喷发出现在地表的火山灰或浮岩等火山碎屑物（简称火碎物）也会在陆地上或水中沉积凝固，这种也被划分在沉积岩类里。

日本茨城县日立市初濑海岸
（砾岩层）

## 岩浆岩

　　在地下生成的岩浆上升至地表附近，冷却凝固后的岩石就叫做岩浆岩。岩浆若是流往地下更深处，慢慢凝固而成的叫做深成岩；喷发出地表或地壳浅表处快速凝固而成的叫做火山岩。在形成过程中不同的条件造就了不同种类的岩石。

**日本佐贺县唐津市七釜**
**（玄武岩柱状节理）**

## 变质岩

　　生长在地下的原岩受到高温高压影响就变成了变质岩。变质过程中，岩石中的矿物比例、组构等都会发生变化，而变质后的种类大致可分为两类——区域变质岩和接触变质岩。区域变质岩的主因是受到高压，而接触变质岩的主因是受到高温。

**日本北海道神居古潭**
**（结晶片岩）**

# 沉积岩是怎样的岩石?

 ## 沉积岩的形成过程

在地表上的岩石受风化侵蚀剥离的碎屑物（砾、砂、泥）、火山灰、生物骨骸等粒子在海底、湖底或者直接在地表堆积，经成岩作用而形成了沉积岩。因为多在水底沉积而成，相对于岩浆岩（火成岩），沉积岩也叫水成岩。沉积岩广为分布在地球的陆地。现在在深海底，也还不断有新的沉积岩产生。

风化·

片流

## 形成过程例一

由于长年累月堆积得越来越多，碎屑颗粒受到上部的重力压制，原本松散的颗粒被压在一起，颗粒间的水分也被挤压出来，这就叫压实作用。

## 形成过程例二

溶于地下水中的碳酸钙和二氧化硅在颗粒之间及其周围结晶，原本松散的颗粒得以固结在一起，这就叫胶结作用。

外压施加

泥

砂

砾

水分被挤出

原本存在的颗粒

水

渗埋在粒子之间

 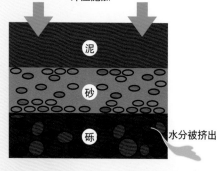

两种成岩作用

沉积岩就是物质不断往上堆叠叠形成的岩石吧。

送

较大的颗粒会先行沉积

砾　　砂　　泥

洋面

沉积

| 水深 | 浅 ◄─────────► 深 |
| 距河口 | 近 ◄─────────► 远 |

## 被制成石器的岩石

在人类生活历史中，也有利用岩石来制造器物的例子。岩石恐怕是人类最初作为武器使用的器具了吧。据说古时人们用岩石来切割贝壳，把岩石磨尖做成箭头以便打猎。

在石器时代，岩石也被广泛用于制作刀具，其中就有一种叫做燧石的坚硬有光泽的沉积岩，还有叫做黑曜岩的岩浆岩。这些材料遍布各地，很容易就能采集到，而坚硬的材质用来制作石器最好不过了。

在中国，人们也发现多处埋藏有古时石器的遗迹，这些石器看起来就是以沉积岩为材料做成的。

用黑曜岩做成的小刀

33

## 沉积岩的特征

沉积岩是物质在重力区域里堆积，堆在下面的物质首先沉淀固化形成的。它也会因为地壳变动、岩浆活动等而产生各种各样的变化，但因为更古老的物质一般会在更往下的底部沉淀，这就让人们能更方便地通过岩石来推断地球历史的演变。

沉积岩大多是地层的构成物，就凭这点，它和岩浆岩、变质岩区分开来就容易多了。沉积岩很好采挖，大部分能沿着地层就能被轻易切割剥离。我们还常能在沉积岩里发现化石（而结晶质地的岩浆岩里是绝对没有化石的，变质岩里也几乎不会发现化石）。

地层就是沉积岩沉积而形成，而当中蕴含的各种化石也正标示了地层的不同历史年代。在不同的地层中蕴含的物质不同，岩石的形状也有所差别，我们正是根据这些已知产生这种岩石的年代是哪个年代，进而得知那个年代的地质环境概况。

从左至右
三叶虫化石 （寒武纪 ／ 美国犹他州米勒德郡）
鹦鹉螺化石 （白垩纪 ／ 日本北海道中川郡中川町）
小型石燕化石 （泥盆纪 ／ 美国纽约州哈密尔顿）

叶子掉落在河岸的泥土上

泥层堆积，把动植物的遗骸埋了起来

我们可以通过沉积岩了解地球演变历史呢

不久就因为地壳变动或者风雨侵蚀导致岩层剥落，化石就出现在地面

沉积岩与化石

# 沉积岩的分类

沉积岩可根据沉积成分划分成三类：碎屑岩、火山碎屑岩和生物沉积岩。

## 碎屑岩

碎屑岩是岩石碎屑物堆积固结而成的。根据沉积场所又可划分成陆源碎屑岩和海源碎屑岩。若根据碎屑物的大小再进行细分的话，则主要包括砾岩、砂岩和泥岩等。

这些沉积岩并非完全均质。泥岩中可能会含有坡砾石。这是由于在海底会发生大规模的海底滑坡现象，饱含泥沙的大密度海水开始剧烈流动（乱泥流），泥岩层被这些海水冲刷导致了里面也混进了一些砾石。据说有砂岩和泥岩形成重叠层的情况，大多是因为这些乱泥流造成的。

 ### 根据岩石碎屑物大小进行的分类

| | |
|---|---|
|  砾岩 | 直径大于 2 毫米的砾石颗粒压实胶结而成的岩石，因常能看见里面明显的砾石，所以俗称为子母岩。根据当中蕴含的砾石形状和大小，可以推断过去这块岩石所在的海洋所发生的现象。 |
|  砂岩 | 直径 0.0625 ～ 2 毫米的砂组成。由于颗粒聚集性好，又相对细密，常被用来制作粗糙的磨刀石。沉积地点不一样，发现的内部物质可能也不一样，人们在砂岩里曾发现一些甲壳类动物，诸如虾蟹之类的生物巢穴或它们自身留下形成的化石（模铸化石）。 |
|  泥岩 | 直径小于 0.0625 毫米，由泥土固结而成的岩石。而节理呈片状且易剥落的那种叫做页岩（Shale）。它有着 * 叶理面和矿物 * 排列面，硬度低易分裂，当中还可能会含有鱼遗骸或者树叶化石。泥质岩、黏土岩的组成粒子会比它更小。 |

* 叶理面——地层中能用肉眼观察到的最小物质，构造的层面。
* 排列面——当有新的矿物形成时，也会有一个层面并排生成。我们从切面去观察矿物的排列情况，这就叫排列面。

## 火山碎屑岩

火山碎屑岩是由火山灰等火山成分（火山碎屑）堆积胶结而成的，根据里面所含火山碎屑物的大小也分成了几类。

火山弹（直径大于64毫米）

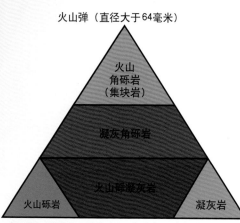

火山角砾岩（集块岩）

凝灰角砾岩

火山砾凝灰岩

火山砾岩　　　　　　凝灰岩

火山砾（直径2～64毫米）　火山灰（直径小于2毫米）

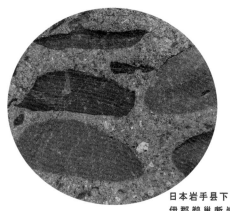

日本岩手县下伊郡鹅巢断层，中国台湾有分布

### 火山角砾岩·集块岩

由直径大于64毫米的火山弹等胶结而成。

日本木县宇都宫市大谷。中国有分布，福建南园地区出露最完整

### 凝灰岩

由直径小于2毫米的火山灰凝结而成。古代的日本海曾经有过大规模的火山活动，由此生成了绿色的凝灰岩。

日本宫城县气仙沼市高石浜产。中国有分布

### 火山砾凝灰岩

由2～64毫米大小的火山砾胶结而成。

36

## 生物沉积岩

生物沉积岩是由生物遗体堆积造成的，包括植物、动物的骨骼遗骸等。

日本东京都西多摩郡大久野产。中国广泛分布，用途广

### 石灰岩

由主要成分为碳酸钙（$CaCO_3$）的生物骨骼遗骸沉积而成。形态各异的溶洞和钟乳石正是由类似的石灰岩（$CaCO_3$）所形成。

日本北海道钏路市海底炭坑产。中国华北、东北南部及西北地区有分布

### 泥 炭

在地层中堆积得厚厚的树木和水生植物，一旦温度升高或者压力增大，水分就逐渐从这些沉积物里流失。这样一来碳元素的比例就相应增大，沉积物就变成了泥炭，属于可燃性有机岩。

日本玉县秩父市浦山产，世界各地均有广泛分布

### 硅质岩

由主要成分为二氧化硅（$SiO_2$）的生物骨骼遗骸沉积而成，主要有浮游生物、海绵骨针等。

智利 阿塔卡马沙漠产

### 蒸发岩

本来溶解于水中的物质因水分蒸发而浓缩硬化成了蒸发岩。在美国犹他州、加利福尼亚州的盐湖里生成的盐岩层，在智利阿塔卡马沙漠生成的石膏岩，这些都是典型的蒸发岩。

# 岩浆岩是怎样的岩石？

 ## 岩浆岩是什么？

岩浆岩是岩浆冷却凝固而成的岩石。在岩浆冷却过程中可能会有其他异物渗入，这种混入了不纯物质或异物的岩石也划分到岩浆岩分类中。

在地底深处的岩浆我们见不到，但我们可以想象一下火山爆发时喷发出地面的岩浆的样子（由于喷发出地面后温度已经降低，那时的岩浆可能已经变成熔岩，岩浆跟熔岩又不一样，大体想象一下就好）。能见到熔岩的著名活火山有夏威夷的基拉韦厄火山等。

岩浆岩的形成，都离不开涅槃重生这种形式。先是全部熔化，然后就像不死鸟一样重生，再生出新的矿物。就着天时地利，遵从着法则与规律，以在宇宙中能真实呈现的姿态再生，就这样岩浆生成了矿物。

岩浆岩里的矿物，是岩浆（地下深处的高温炽热的熔融物质）和熔岩（喷出地表的岩浆冷却形成的岩石）冷却固化期间的结晶物。而冷凝时的条件差异也造成了各种岩浆岩外表特征的相异。

岩浆岩应该是因为岩浆的活动而形成的

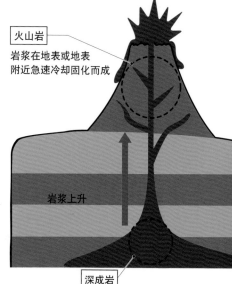

**火山岩**
岩浆在地表或地表附近急速冷却固化而成

岩浆上升

**深成岩**
岩浆在地底深处缓慢冷凝而成

# 火山岩与深成岩

岩浆岩（火成岩）大致可分成火山岩和深成岩两种。火山岩是岩浆在地表或近地表急速冷凝而成的岩石，而深成岩则是岩浆在地下深处缓慢冷凝而成。以前还划分出一种介乎火山岩和深成岩之间的半深成岩，现在已经没有这种分类了。对于火山岩和深成岩的分类来说最重要的指标莫过于冷凝速度，跟在哪里凝固的没有关系。

这两种岩石形成过程的差异也大大体现在了外表上。

岩浆冷凝时，要是速度缓慢，岩浆里蕴含的矿物结晶就会相对大大增多；而急速冷凝的岩石，就没有太多让结晶生成的时间，要么里面只有些小小的结晶体，要么就成了非晶质岩石，里面根本没有结晶。急速冷凝而成的就是火山岩。安山岩和玄武岩就是被人们所熟知的火山岩。在细小结晶集合体（基质）里可以看到有各种不同大小的结晶（斑晶）零散分布，这也叫斑状结构。

与火山岩相反，缓慢冷凝而成，岩浆全部结晶化，甚至肉眼能见到有直径达到好几厘米的晶体，这样深成岩就形成了。典型的深成岩有花岗岩、长岩、辉长岩。

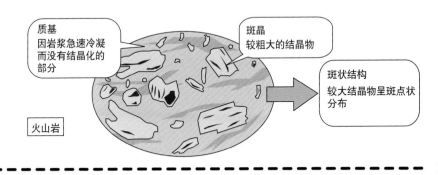

质基
因岩浆急速冷凝而没有结晶化的部分

斑晶
较粗大的结晶物

斑状结构
较大结晶物呈斑点状分布

火山岩

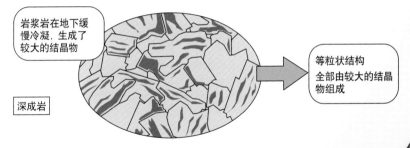

岩浆岩在地下缓慢冷凝，生成了较大的结晶物

等粒状结构
全部由较大的结晶物组成

深成岩

# 岩浆岩的分类

岩浆岩也根据所含矿物的数量和成分来细分。

## 以深色矿物的含量划分

岩浆岩可根据其含有的深色矿物数量划分为长英质岩、中性岩、镁铁质岩和超镁铁质岩。深色矿物即是有着色的矿物，诸如黑云母、角闪石、辉石、橄榄石等。岩石一旦含有这些有色矿物，岩体就会显黑。

相反，无着色的矿物就是浅色矿物了，诸如石英、长石那些。这些矿物要么无色要么就显白色。岩石一旦含有这些无色矿物，岩体就泛白。

## 以二氧化硅的含量划分

岩浆岩可根据其所含二氧化硅含量来划分成酸性岩、中性岩、基性岩和超基性岩（这里的基性指碱性）。矿物的化学组成总量是不变的，而这里面元素的不同比例组合会形成不一样的岩石成分。

根据所含有色矿物和二氧化硅数量的不同，岩浆岩的颜色也会产生差异呢。

### 岩浆岩与所含矿物

| | | | |
|---|---|---|---|
| **火山岩**<br><br>斑状结构 | 流纹岩 | 安山岩 | 玄武岩 |
| **深成岩**<br><br>等粒状结构 | 花岗岩 | 闪长岩 | 辉长岩 |
| **矿物比例** | 石英<br>黑云母 | 长石<br>角闪石 | 辉石<br>橄榄石 |
| **深色矿物比例**<br><br>**色泽** | 其他<br>少<br>呈白色 | | 多<br>呈黑色 |

**代表性岩浆岩与其特征**

**日本新潟县新发田市赤谷产，
全球广泛分布**

## 安山岩

　　安山岩也是火山岩，颜色是介乎玄武岩和流纹岩颜色之间的中间色。可见斑状结构，在细小结晶集合体或玻璃质中也可看见斜长石、辉石、角闪石、黑云母等矿物晶体。

## 流纹岩

　　流纹岩是呈白色的火山岩。我们可看见表面有呈条纹状的部分玻璃质结构。

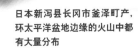

**日本新潟县长冈市釜泽町产，
环太平洋盆地边缘的火山中都
有大量分布**

## 玄武岩

　　玄武岩为火山岩，因含深色矿物，故看上去呈黑色。广泛分布在造山地带，常见于火山或火山岛、海底地壳等地方。有时能明显见到结晶，亦有完全见不到结晶的玻璃质岩。

**日本东京都八丈岛石积鼻产，中国有分布**

鹿儿岛县鹿儿岛市东樱岛町产。中国有分布

## 黑曜岩

是流纹岩的一种，主要由火山玻璃丝组成。在考古学领域里也被称为黑曜石。切割开来边缘锋利得跟刀锋一般，在古代也是作为石器（第33页）被广泛用于加箭矢和刀具加工上。

## 浮 岩

火山岩的一种。

浮岩在急速冷却的形成过程中，因岩浆内部的气体快速逸出导致大量的气孔生成，所以它的比重变小，重量变轻（请参照第112页），几乎可以浮在水面。

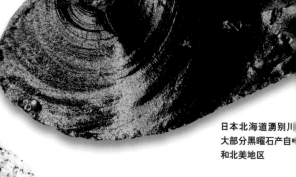

日本北海道涌别川
大部分黑曜石产自
和北美地区

## 花岗岩

是广泛分布于世界各处的深成岩。花岗岩因含浅色矿物较多故岩体泛白，矿物结晶也稍显大。特征是容易风化。肉眼能见到石英、长石和黑云母矿物晶体。别称也叫"御影石"。

日本茨城县笠间市稻田产。中国广泛分布

## 闪长岩

跟花岗岩相比含有更多的有色矿物，是一种比花岗岩颜色更深更黑的深成岩。

闪长岩主要由斜长石和角闪石组成。当中含有石英的就叫做"石英闪长岩"以和普通的闪长岩区分开来。

**日本京都府福知山市天座产**

## 辉长岩

这种深灰中带黑的深成岩叫做辉长岩。

和火山岩中的玄武岩的化学组成是一样的。

**日本福岛县石川郡石川町产。中国山东、内蒙古、河北、山西、浙江等地有名贵稀有品种**

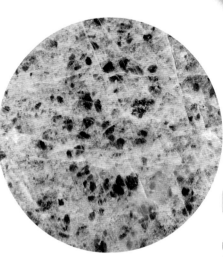

**日本北海道样似郡样似町产。中国西藏、祁连山、内蒙古、宁夏、山东等地均有分布**

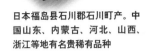

## 橄榄岩

橄榄岩是种含镁元素和铁元素较多的深成岩。含长石、石英等浅色矿物含量极少，或者根本就没有。

# 变质岩是怎样的岩石？

 ## 变质岩是什么？

　　变质岩是原本存在的沉积岩或岩浆岩发生变质作用生成的岩石。

　　变质作用指的是，在受到高温高压的条件下（而这种高温高压跟形成原岩石时的那种又不一样），矿物的成分和结构构造会发生变化。这也叫做"重结晶作用"。（要是在这基础上温度再增高，压力再增加，岩石就会熔化变为岩浆了。）至于风化作用，跟这里说的变质作用又不一样，是另外的现象了。

　　变质岩的原岩可以是沉积岩或岩浆岩甚至变质岩。变质岩要是再受到进一步的变质作用，也可能会变成另一种变质岩。根据原岩的岩石种类和所受变质作用的性质，可分成接触变质岩和区域变质岩。变质作用的主因是受热受压，而受到不同种类和程度的温度和压力，就会变成不同种类的变质岩。

**在地表或海底的岩石，被运送到存在更加高温高压的地底深处，变质而成了变质岩**

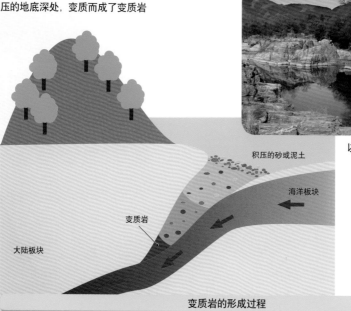

以变质岩出名的日本长瀞

积压的砂或泥土

海洋板块

变质岩

大陆板块

变质岩的形成过程

## 接触变质岩

岩浆岩在高温状态下发生岩浆贯穿（岩浆侵入到岩石中），令周围岩石受到岩浆的高热而成的变质岩叫做接触变质岩。也叫做热变质岩，是一种易在地壳较浅地方发生的现象。接触因在浅表部分发生作用，所以施加于岩石上的压力并不大，就生成了"在低压高温条件下形成的稳定性矿物"。受压不多故不会强烈变形，一般不会形成定向构造。

## 区域变质岩

原岩置于地下深处受高温高压形成的变质岩。这种变质一般在造山运动等地壳变动时发生。因运动激烈，覆盖范围广，由作用点起始到结束，甚至有达 1000 千米长度的岩石同时一起受到一连串变质作用。能达到如此长度和面积，无怪乎被称为区域变质岩。

区域变质岩多在高温条件下受压，岩石中的矿物一度熔化又再固化这个过程中，会形成条纹状，或者矿物会按一定方向排列生长，就这样形成定向性排列构造。结晶片岩和片麻岩正是这种典型代表。

区域变质作用是以受到的温度和压力一并考虑在内而进行分类的。

①高温低压型；②低温高压型；③介乎两者之间的中压型。

低温高压型当中，也有些埋在很深很深的地底深处的岩石再次上升到地表更浅处，这类也叫做"超高压变质岩"。这种岩石里多数含有柯石英或者钻石。我们为什么这么看重受温受压条件，是因为循着它们可以推断发生变质作用的所在之地。

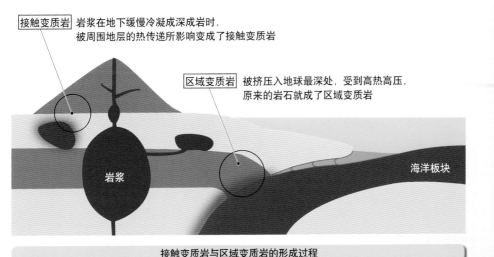

接触变质岩　岩浆在地下缓慢冷凝成深成岩时，被周围地层的热传递所影响变成了接触变质岩

区域变质岩　被挤压入地球最深处，受到高热高压，原来的岩石就成了区域变质岩

岩浆

海洋板块

**接触变质岩与区域变质岩的形成过程**

## 主要变质岩及其特征

日本群马县势多郡东村产。主要分布在美国、加拿大、澳大利亚、日本等地

### 大理岩

身为石灰岩的原岩与岩浆岩体发生接触，生成的方解石集合体。作为石材也叫做大理石。

日本茨城县太田市真弓山产。中国有分布，云南大理点苍山最为著名

### 角 岩

原岩为砂岩、泥岩、页岩等沉积岩。原岩与岩浆岩体（岩浆）发生接触，受热而令沉积岩成分发生重结晶作用，角岩正是以上重结晶作用产物。特征是通体光滑且坚硬。

### 石英岩

身为燧石的原岩与岩浆岩体发生接触，生成的石英集合体。

京都府相乐郡加茂町产。中国有分布

**接触变质岩列举** ·················

**广域变质岩列举** ·················

玉县轶父市亲鼻桥产

### 片 岩

置于地底深处的岩石在低温高压条件下，岩石中成分会发生变化，形成能适应那种环境的稳定性矿物。因此岩石中的云母、绿泥石、石墨等就是这样变化得来。

美国亚利桑那州 Willow 河滩产

### 片麻岩

在地底深处，温度异常高而压力低，就是所谓的高温低压状态下，岩石会变成跟花岗岩有类似矿物组成的并具有明显片麻状构造的岩石。

冈山县川上郡成羽町产。中国有分布

### 千枚岩

这种岩石属于区域变质岩，虽变质程度较小，但还是能看见小小的重结晶物。特点是质薄易剥落形成众多碎片，所以就被命名为千枚岩，是种很有光泽的岩石呢。

## 变质带

区域变质作用多发生在板块交界处，分布区域呈带状，因此就叫做区域变质带。日本的代表性区域变质带如下图所示。

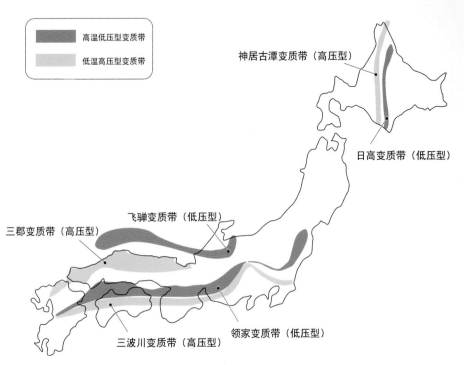

高温低压型变质带

低温高压型变质带

神居古潭变质带（高压型）

日高变质带（低压型）

飞驒变质带（低压型）

三郡变质带（高压型）

三波川变质带（高压型）

领家变质带（低压型）

**日本有代表性的广域变质带示意图**

日本列岛中的山脉，都是因"造山运动"这样的地壳变动而形成的。那些就叫做"造山带"。这造山带里的两种变质带——结晶片岩广泛分布的高压型变质带；片麻岩、花岗质片麻岩广泛分布的低压型变质带，它们都是成对出现，列岛上平行分布。这些造山带的分布状态和性质，就被用来作为推断日本列岛形成的重要依据。

**陨石撞击形成的变质岩**

除了接触变质岩和区域变质岩，还有一种叫做冲击变质岩。因陨石的坠落导致在狭窄的范围里承受了特大的冲击力，变质而形成的就叫做冲击变质岩。

# 第三章
# 矿物图鉴

岩石是由矿物构成的。矿物有很多种类，这是由于其构成元素的种类和晶体结构之差异造成的。矿物既能作为矿石应用在人类生活中的各种方面，也能作为宝石佩戴在身上展示。要是逐一仔细观察矿物，便能发现它们的颜色、光泽等实际上很具个性化，有着非常有趣的特点。

那么，地球上究竟有着怎样的矿物呢？让我们一起来看看。

# 何谓矿物

## 矿物的定义

岩石和矿物很容易被混淆，实际上它们是不一样的。就如在第16~17页的说明，矿物可以说是岩石的根本。

矿物学里是这样定义矿物（mineral）的，"天然产出的无机物，拥有固定的化学组成和结晶构造的固体物质"。其中的"天然产出的无机物"，就是"并非人工产物，也不是在生物活动中衍生的有机物"。而"化学组成"，就是指矿物的构成元素之数量和种类。"晶体结构"，意为矿物的构成元素共同结合的集合形态。总而言之，矿物就是大自然里的无机物，有着固定化学组成的结晶固体物。

构成贝壳的成分方解石和霰石、还有人类牙齿里大量含有的羟磷灰石等，这些是生物矿物，进一步严谨区分的话其实不算是矿物。

当然，也是有例外的。蛋白石这种宝石是非晶质物质（没有结晶的物质），但也会被划分在矿物中。树脂石化而成的琥珀也没有结晶，但一样被划分为矿物。水

条件①

不是通过人工或者生物活动衍生出来的物质

银在常温下是液态，但它也是矿物。

矿泉水、饮料、食品中含有的无机物质，我们称之为"矿物"或"矿物质"，但这些跟我们在这里说的"矿物"是不一样的东西。

条件② 有一种或一种以上的元素集合构成

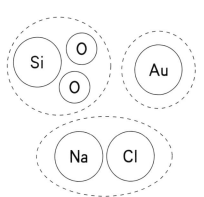

条件③ 拥有晶体结构

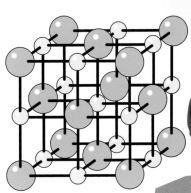

也可以说矿物是无机物质哟

条件④ 是固体

| 液体 | 固体 | 气体 |
|:---:|:---:|:---:|
|  |  |  |
| × | 〇 | × |

作为矿物的必备条件

琥 珀

多米尼加共和国帕罗奥图产

水银（自然汞）

松树或杉树中渗出的汁液落到泥土中形成的化石就是琥珀。琥珀属于生物活动形成的有机物，本身没有结晶，不过会划分在矿物中。

水银是液体而非固体，但也会划分在矿物之中。

矿物中蕴含的例外之物

# 矿物的特征与分辨方法

 **根据化学性质进行的分类**

矿物有非常多的种类，我们能根据它们的特征进行细致的分类。

矿物的化学性质是由其化学组成和晶体结构一同决定的。即便化学组成相同，晶体结构也不一样，那也是另外的矿物了。

| 根据化学组成进行分类 | | |
|---|---|---|
| 元素矿物 | 由单一元素组成的矿物；或是合金产物 | 自然金（Au）、自然银（Ag）、自然铜（Cu）、自然铋（Bi）、自然碲（Te）、自然硫（S）、石墨（C）、钻石（C） |
| 硫化物矿物 | 金属元素与硫结合的矿物 | 黄铁矿（$FeS_2$）、黄铜矿（$CuFeS_2$）、方铅矿（PbS） |
| 氧化物矿物 | 金属元素与氧元素结合的矿物 | 石英（$SiO_2$）、赤铁矿（$Fe_2O_3$）、磁铁矿（$Fe_3O_4$）、钛铁矿（$FeTiO_3$）、尖晶石（$MgAl_2O_4$）、刚玉（$Al_2O_3$） |
| 卤化物矿物 | 金属元素与卤族元素结合的矿物 | 岩盐（NaCl）、萤石（$CaF_2$） |
| 碳酸盐矿物 | 碳酸盐组成的矿物 | 方解石（$CaCO_3$）、白云石 [$CaMg(CO_3)_2$] |
| 硼酸盐矿物 | 硼酸盐组成的矿物 | 硼砂（$Na_2B_4O_5(OH)_4 \cdot 8H_2O$） |
| 硫酸盐矿物 | 硫酸盐组成的矿物 | 明矾石 [$KAl_3(SO_4)_2(OH)_6$]、石膏（$CaSO_4 \cdot 2H_2O$）、重晶石（$BaSO_4$） |
| 磷酸盐矿物 | 磷酸盐组成的矿物 | 磷灰石 [$Ca_5(PO_4)_3(F,Cl,OH)$] |
| 钨酸盐矿物 | 钨酸盐组成的矿物 | 白钨矿（$CaWO_4$）、钨锰铁矿 [$(Fe,Mn)WO_4$] |
| 硅酸盐矿物 | 硅酸盐组成的矿物。基于硅酸根离子的不同构造还能再进行细分。成分里含有水的矿物也会被划分到含水矿物一类中 | 橄榄石、辉石、角闪石、云母、长石、沸石 |

根据化学组成进行分类

例如石墨（Graphite）和金刚石都主要由纯碳元素（C）组成，但因为彼此的晶体结构不一样，就不是同种矿物了，性质也完全不一样（请参看第80页）。

再次，反过来也是一样的，若晶体结构相同，化学组成相异，那也不是同一种矿物了。例如方解石（$CaCO_3$）与菱镁矿（$MgCO_3$），晶体结构几乎一样，但彼此的化学组成不同，就是两码事了。第52页的表格很好地展示了以化学组成划分的矿物分类。

至于矿物的晶体结构，是根据结晶中原子的排列方式来分类的。原子排列构成的晶体结构太小了，没法用肉眼直接观察。所以我们会用一种叫做X射线（也叫伦琴射线）的放射线，以X射线衍射方法来进行测量。右表为拥有同样晶体结构的同族矿物的分类表。

**尖晶石类**
磁铁矿、尖晶石等

**磷灰石类**
氟磷灰石等

**石榴石类**
钙铁榴石、锰铝榴石等

**长石类**
正长石、斜长石

**角闪石类**
直闪石、透闪石等

**辉石类**
透辉石、硬玉等

**沸石类**
浊沸石、菱沸石

根据晶体结构进行分类

# 一看便知的矿物特征

矿石的几个性质，肉眼可见，一窥即明。

## 颜色

矿物受其中蕴含的杂质的影响而拥有不同颜色。同一种矿物，也会有颜色上的差异。而在受热或受到紫外线照射时，还可能发生变色。

英国 达勒姆郡弗罗斯特利 罗杰利矿山产

奥地利 贝格海姆产

由于所含杂质的差异导致显色不一的萤石

## 条痕颜色

辰砂

雄黄

黄铜矿

赤铁矿

矿物的条痕颜色

矿物在瓷器等坚硬粗糙面板上摩擦留下的线叫做"条痕"，线的颜色叫做条痕颜色。条痕颜色就是矿物摩擦后的粉末颜色。这个粉末颜色跟矿物整体的颜色不一定是完全相同的。

条痕颜色就是矿物粉末的颜色。跟晶体颜色是不一样的哦！

## 荧光

　　在暗处经紫外线照射时，有些矿物会发出特有的光泽。这是因为晶体里含有的稀土元素等不纯物质造成的现象（rare earth），发出的光叫做荧光（fluorescence）。矿物的种类、产地不同，所受紫外线波长不同，发出的荧光也不一样。我们可以利用这种差异来对矿物进行测量。

　　即便把紫外线照射停止，发光还在持续，这种现象叫做磷光。

白钨矿

蛋白石

欧泊

受紫外线照射时

受紫外线照射会发出荧光的矿物

## 解理（劈开）

　　矿物晶体沿一定的结晶方向裂成平面的固有性质，这个性质就叫做解理，也称为"劈开"。有些矿物的解理非常特别，但有些矿物完全没有解理。在中国解理可分为"极完全、完全、不完全、无"这4个等级。

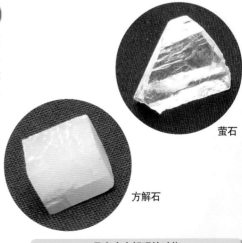

萤石

方解石

具有完全解理的矿物

## 光泽

矿物晶体表面质感也是有多种分类的哦。这是由晶体折射率等因素决定的。光泽质感也有以下分类：金属光泽、金刚光泽、玻璃光泽、松脂光泽（树脂光泽）、油脂光泽（脂肪光泽）、珍珠光泽、丝绢光泽等。

\* 折射率：光进入另一种介质的时候，会在接触边缘产生可见的光弯折现象，这就是折射。折射率正是表现折射程度的比率。

金属光泽

油脂光泽（又叫做脂肪光泽）

丝绢光泽

金刚光泽

玻璃光泽

松脂光泽（又叫做树脂光泽）

矿物也有其他可观测的特征，比如硬度、重量等。详情请参考第112—114页。

珍珠光泽

光泽种类

# 矿物的形状与结晶

## 矿物的形状与结晶

矿物具有自身特定的、"相对容易形成的"晶形，所以看到它们的形状，就基本上能判断是什么矿物。要做到对矿物种类一目了然，晶形跟矿物颜色和光泽一样，是不可或缺的重要因素。

| 板状 | 柱状 | 锥状 |
|---|---|---|
| 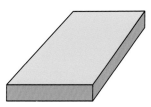 | 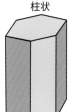 | 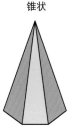 |
| 白云母、板钛矿 | 电气石、红柱石 | 蓝锥矿、锐钛矿 |

**矿物的一般晶形**

## 什么是自形晶

右图是许多大小一样的铁珠子在箱子中并排的景象。我们可以看到珠子无论从纵横还是斜线角度看都有序并排在一起。晶体中原子也是用类似这样的方式并列。这样的并列延伸到晶体外侧，形成了与并列平行的面，这就是结晶面。结晶面因许多不同因素可能造成大小不一，但面与面的角度无论何时都是不变的。所以，在晶体上产生了能反映晶体内部性质的，面与

**晶体的原子排列示意图**

面之间角度一样的规则结晶面，正造就了矿物晶体自身的特点。这种通过晶体能反映自身内部构造的形态就叫做自形。

# 什么是晶系

晶体的基本形态可归结为6~7种，这些就叫做晶系，也叫结晶系。它很好地诠释了矿物晶体具有怎样的对称性（结晶的成对排列方式）。

立方晶系就像个骰子一样……

$a_1$ 轴与 $a_2$ 轴、$a_2$ 轴与 $a_3$ 轴的角度为120°
c 轴与 $a_1$、$a_2$、$a_3$ 轴垂直交汇
轴的长度只有c轴不一样，其他轴长度均一

＊这个晶系有4根轴，这是跟其他晶系不一样的地方。也可以作为区分六方晶系和三方晶系的方法。

轴与轴之间都是垂直相交
所有轴长度都相同

三方晶系或六方晶系

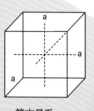

等方晶系

＊又叫做立轴晶系

轴与轴之间都是垂直相交
轴的长度只有c轴不一样
其他轴长度均一

三斜晶系

轴与轴的交角都是斜角
每根轴的长度都是不同的

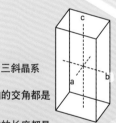

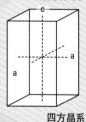

四方晶系

＊也叫做正方晶系

b 轴与 c 轴、a 轴与 b 轴都是垂直相交的，但 a 轴跟 c 轴的交角却是斜角
每根轴的长度都是不同的

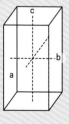

单斜晶系

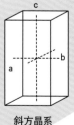

斜方晶系

轴与轴之间都是垂直相交
每根轴的长度都是不同的

根据结晶轴进行的分类

# 一起来瞧瞧矿物吧

## 主要矿物

矿物的种类有4700种以上。但我们日常常见的矿物大概只有100多种。就算是同种矿物，在形成条件不一样，或者采集产地不同的情况下，呈现出的形态也不一样。矿物是没有特定形态的。在这里我们先介绍一下常见主要矿物的特征。

墨西哥产

### 方解石

(calcite)

碳酸盐矿物的其中一种，是石灰岩的主要矿物。在大理岩里，细微的方解石矿物重结晶后变成更大的晶体。无色透明，看起来像是扭曲了的正方体，类似平行四边体、或者菱面体的晶体。我们可以看到它有双折射（一种光学特性，透过透明方解石看另一边，会见到另一边的景象有重影）这个特性（可参考第74页）。由贝壳形成的方解石归为生物矿物一类。

| 分类 | 成分 | 晶系 | 颜色 | 条痕色 | 光泽 | 硬度 | 比重 | 解理 |
|------|------|------|------|--------|------|------|------|------|
| 碳酸盐矿物 | $CaCO_3$ | 三方晶系 | 无色、白色、淡黄色 | 白色 | 玻璃光泽 | 3 | 2.7 | 三组完全解理 |

## 岩　盐

(rock salt)

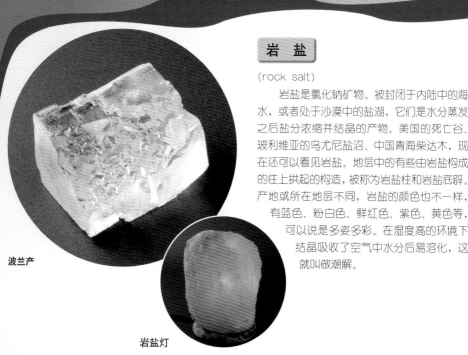

岩盐是氯化钠矿物。被封闭于内陆中的海水，或者处于沙漠中的盐湖，它们是水分蒸发之后盐分浓缩并结晶的产物。美国的死亡谷、玻利维亚的乌尤尼盐沼、中国青海柴达木，现在还可以看见岩盐。地层中的有些由岩盐构成的往上拱起的构造，被称为岩盐柱和岩盐底辟。产地或所在地层不同，岩盐的颜色也不一样，有蓝色、粉白色、鲜红色、紫色、黄色等，可以说是多姿多彩。在湿度高的环境下结晶吸收了空气中水分后易溶化，这就叫做潮解。

波兰产

岩盐灯

| 分类 | 成分 | 晶系 | 颜色 | 条痕色 | 光泽 | 硬度 | 比重 | 解理 |
|------|------|------|------|--------|------|------|------|------|
| 卤化物矿物 | NaCl | 等轴晶系 | 无色 | 白色 | 玻璃光泽 | 2 | 2.2 | 三组完全解理 |

## 萤　石

(fluotite)

卤化物的一种。潜藏在矿物中的杂质不同，显现出来的颜色也不一样，大体有黄、绿、蓝、紫、灰、褐等色。特征是经过加热会发光。如果杂质当中含有稀土元素的话，经紫外线照射还会发出荧光。萤石从古时候起就被用来做溶解铁矿石的助熔剂，在现代还会被用来制造望远镜镜头和照相机镜头，是一种高级光学透镜材料。

英国达勒姆郡佛洛斯特利罗杰里矿山产，中国萤石资源丰富，有"世界萤石在中国，中国萤石在浙江"之说

| 分类 | 成分 | 晶系 | 颜色 | 条痕色 | 光泽 | 硬度 | 比重 | 解理 |
|------|------|------|------|--------|------|------|------|------|
| 卤化物矿物 | CaF₂ | 等轴晶系 | 无色、绿色、淡褐色 | 白色 | 玻璃光泽 | 4 | 3.18 | 四组完全解理 |

## 石 英

(quartz)

　　由二氧化硅（$SiO_2$）结晶而成的矿物。无色透明的六角柱状的那种叫做水晶。是常见的主要造岩矿物（构成岩石主要成分的矿物），花岗岩等岩浆岩里一般都大量蕴含石英。一般来说，沙漠、沙丘的沙石主要成分都是石英。它也是构成地壳的常见矿物，岩浆岩、变质岩、沉积岩里也有它的存在。

**日本福岛县石川郡盐泽矿山产，中国有分布**

| 分类 | 成分 | 晶系 | 颜色 | 条痕色 | 光泽 | 硬度 | 比重 | 解理 |
|---|---|---|---|---|---|---|---|---|
| 氧化物矿物 | $SiO_2$ | 低温型：三方晶系<br>高温型：六方晶系 | 无色(紫色、黄色、黑色等) | 白色 | 玻璃光泽 | 7 | 2.65 | 无 |

## 长 石

(feldspar)

　　长石并不是一种单独矿物名称，而是包含了多种矿物在内的矿物族的总称。它们在地壳中广泛存在，而且是数量最多的矿物。是大部分岩石里都含有的造岩矿物，花岗岩里大约有60% 含量，而玄武岩里大概有 50% 左右。根据其化学成分的差异，大体可分为碱性长石和斜长石。在长石类里，也有一些是有着各自的独特光辉的，那些常被用作宝石材料和装饰用石材。

**日本福岛县石川郡石川町产，中国长石资源较为丰富**

| 分类 | 成分 | 晶系 | 颜色 | 条痕色 | 光泽 | 硬度 | 比重 | 解理 |
|---|---|---|---|---|---|---|---|---|
| 硅酸盐矿物 | $KAlSi_3O_8$（正长石）等 | 单斜晶系、三斜晶系 | 无色、白色 | 白色 | 玻璃光泽 | 6 | 2.6 ~ 2.8 | 二组解理 |

## 云 母

(mica)

云母是硅酸盐云母矿物族的总称。中国有20个省（区、市）有分布，但绝大部分集中在新疆、四川和内蒙古。多为六角形扮装结晶体，质薄且易剥落。从外表颜色可分为白云母、黑云母、金云母、锂云母等。黑云母呈黑色，在岩浆岩里含量较多。具有不易传热导电性质，故常用在空调等电器的绝缘体材料上。近年也在部分汽车涂料材料方面被广泛应用。

**加拿大安大略省班库拉夫特产**

| 分类 | 成分 | 晶系 | 颜色 | 条痕色 | 光泽 | 硬度 | 比重 | 解理 |
|------|------|------|------|--------|------|------|------|------|
| 硅酸盐矿物 | $KAl_2AlSi_3O_{10}(OH)_2$（白云母）等 | 单斜晶系 | 黄色、褐色、绿色、黑色、粉红色、紫色 | 白色、淡褐色 | 珍珠光泽 | $2^+ \sim 4$ | $2.75 \sim 3.2$ | 一组完全 |

## 黄 玉

(topaz)

属硅酸盐矿物，当遇加热或放射线照射时会变色。其晶体有着上下单方向劈开解理的性质。若受到强烈撞击，晶体内部就容易产生裂痕。含有氟元素和铝元素，会呈现多种颜色，但宝石学来说，淡褐色的才是上乘质地。

**日本茨城县西茨城郡高取矿山产，中国有分布**

| 分类 | 成分 | 晶系 | 颜色 | 条痕色 | 光泽 | 硬度 | 比重 | 解理 |
|------|------|------|------|--------|------|------|------|------|
| 硅酸盐矿物 | $Al_2SiO_4(F,OH)_2$ | 斜方晶系 | 无色、黄色、褐色等 | 白色 | 玻璃光泽 | 8 | $3.53 (3.4 \sim 3.6)$ | 单方向完全 |

## 辰 砂

(cinnabar)

辰砂是一种呈鲜红色，主要由硫化汞组成的矿物。肉眼观察下，晶体闪着金刚光泽。从古代开始它就被做成红色颜料，现代也常被应用在印章印泥颜料上。在中国又叫朱砂、丹砂、赤丹等。

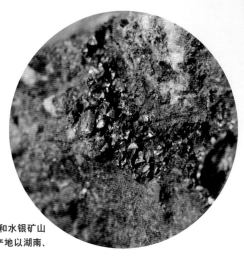

日本奈良县宇陀郡菟田野町大和水银矿山产，中国是辰砂主要产出国，产地以湖南、贵州为主

| 分类 | 成分 | 晶系 | 颜色 | 条痕色 | 光泽 | 硬度 | 比重 | 解理 |
|------|------|------|------|--------|------|------|------|------|
| 硫化物矿物 | HgS | 六方晶系 | 深红色 | 红色 | 金刚光泽 | $2 \sim 2^+$ | 8.090 | 完全 |

## 滑 石

(talc)

是黏土矿物的一种，氢氧化镁与硅酸盐结合的矿物。以滑石为主要成分的岩石，叫做蜡石。滑石相对其他矿物非常柔软，用指甲划一划也会产生划痕。主要作为粉末状被应用在黑板用粉笔或婴儿粉等化妆品类材料方面。在中国滑石也可入药，有利尿、清热、祛湿等功效。

中国辽宁省海城产

| 分类 | 成分 | 晶系 | 颜色 | 条痕色 | 光泽 | 硬度 | 比重 | 解理 |
|------|------|------|------|--------|------|------|------|------|
| 硅酸盐矿物 | $Mg_3Si_4O_{10}(OH)_2$ | 单斜晶系、三斜晶系 | 白色、淡绿色、黄绿色 | 白色 | 珍珠光泽、玻璃光泽 | 1 | 2.78 | 一组完全 |

## 辉 石

(pyroxene)

　　硅酸盐矿物的一种，是大多数岩浆岩、变质岩的成分之一。辉石含有钙、镁、铁等元素。颜色有好几种，无色、绿色、褐色、黑色等，拥有玻璃光泽。晶体呈短柱状。根据其晶体结构不同可分为斜方辉石和单斜辉石两种。

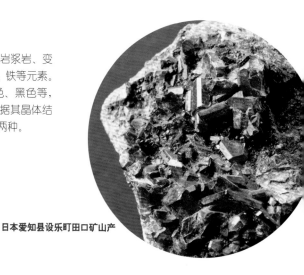

**日本爱知县设乐町田口矿山产**

| 分类 | 成分 | 晶系 | 颜色 | 条痕色 | 光泽 | 硬度 | 比重 | 解理 |
|------|------|------|------|--------|------|------|------|------|
| 硅酸盐矿物 | $(Mn,Ca)SiO_3$ | 三斜晶系 | 红色 | 白色 | 玻璃光泽 | $5^+ \sim 6^+$ | $3.6 \sim 3.8$ | 二组完全解理 |

## 磷灰石

(apatite)

　　是磷酸盐矿物的一种。大部分岩浆岩、变质岩里都会含有一点点磷灰石。形状多样，除了六方柱状，还有六角形板状、块状、土状等。被应用在化学肥料（磷酸盐）上，是很重要的原料哦。尽管因其质地比较柔软，也可用来做宝石饰物镶成耳钉、胸花等，不适合做戒指。

**墨西哥杜兰戈产，中国有分布**

| 分类 | 成分 | 晶系 | 颜色 | 条痕色 | 光泽 | 硬度 | 比重 | 解理 |
|------|------|------|------|--------|------|------|------|------|
| 磷酸盐矿物 | $Ca_5(PO_4)_3F$ | 六方晶系 | 无色、白色 | 白色 | 玻璃光泽 | 5 | 3.2 | 无 |

## 石 膏

(gypsum)

硫酸钙是石膏的主要成分。石膏是海水或盐湖干涸时生成的矿物，而碳酸钙（方解石）－硫酸钙（石膏）－氯化钠（岩盐），就按这样的顺序依次沉淀，层层堆叠，构建了膏盐地层。石膏通常被用作雕刻材料，还可以骨折时用来固定。

智利阿塔卡玛沙漠产，中国已探明的各类石膏总储量居世界首位

| 分类 | 成分 | 晶系 | 颜色 | 条痕色 | 光泽 | 硬度 | 比重 | 解理 |
|---|---|---|---|---|---|---|---|---|
| 硫酸盐矿物 | $CaSO_4 \cdot 2H_2O$ | 单斜晶系 | 无色 | 白色 | 亚玻璃光泽 | 2 | 2.3 | 一组完全解理 |

## 橄榄石

(olivine)

也叫太阳宝石，是正硅酸盐矿物。含有铁和镁元素，但两者的含量会根据不同情况会有所不同。橄榄石晶体呈粒状，或者短柱状。通常玄武岩、辉长岩等岩浆岩里会大量蕴含橄榄石。如苹果绿般透明的大型晶体经琢磨之后，就变成了宝石裸石。

**美国阿里桑那州希拉郡产，中国河北有分布**

| 分类 | 成分 | 晶系 | 颜色 | 条痕色 | 光泽 | 硬度 | 比重 | 解理 |
|---|---|---|---|---|---|---|---|---|
| 硅酸盐矿物 | $Mg_2SiO_4$（镁橄榄石）和 $Fe_2SiO_4$（铁橄榄石）间的连续固溶体 | 斜方晶系 | 黄绿色、褐色等 | 白色 | 玻璃光泽 | $6^+ \sim 7$ | $3.2 \sim 4.4$ | 无 |

# 给人类生活带来便利的矿石、矿物

 ## 矿石是什么

矿石（ore）的本源是矿物蕴含于岩石中，而在矿物、岩石被作为资源利用的情况下，它也是人类经济活动中发挥重大作用的一环。作为资源使用的矿物，并不是单纯地分门别类埋藏在地下哦，它们一般是和其他形形色色的矿物混杂在一起，就这样被挖掘出来的。例如，铜矿石含有大量的黄铜矿，而从里面可以把金属铜提取回收。矿石矿物因多以金属光泽呈现人前，所以又被叫做金属矿物。

人类自古以来就会冶炼矿石，从而制造出各种有用器具。青铜器、铁器等在石器后出现，从史前时代一直被使用至今，它们是比石器更坚固、使用更便捷的工具。金银、铂金等贵金属被作为随身饰物，泥炭、石油也被应用在燃料或化学制品上。矿石矿物就是这样，和人类活动有着千丝万缕的联系。

大量埋藏有矿物资源的地方，被称为矿山，人们运营并进行采掘。中国是世界上矿种比较齐全的少数国家之一，矿业开发总规模居世界前三位。

从矿石里提取的形形色色的资源，被广泛应用在包括制造轿车、建造建筑的金属，随身佩戴的宝石饰物制作，颜料等方面

# 来瞧瞧一些常见的矿石矿物吧

平常在人类触手可及的地方也是有不少矿石矿物的哟。下面就给大家介绍一下常见的矿石、矿物吧。

## 金刚石

(diamond)

俗称金刚钻，碳元素（C）的同素异形体。即是由同种元素磷组成但原子排列相异，性质也不一的单体中的一种。实验证实它是天然物质里最坚硬的物质。形状一般呈八面体，也有菱形十二面体和六面体。金刚石通常被用作宝石装饰或研磨剂，特征是不导电。蓝钻石也导电哦。

南非金伯利产，中国有产出

| 分类 | 成分 | 晶系 | 颜色 | 条痕色 | 光泽 | 硬度 | 比重 | 解理 | 荧光 |
|------|------|------|------|--------|------|------|------|------|------|
| 自然类元素矿物 | C | 立方晶系 | 无色到黑色等各种 | 白色 | 金刚光泽 | 10 | 3.52 | 四组完全 | 于长波长紫外线（365纳米）照射下呈无色、黄色、绿色等 |

美国加利福尼亚州格拉斯瓦利66号公路康非丹斯矿山产，中国山东、黑龙江、青海、可可西里、河南、湖南等地有分布

## 自然金

(native gold/gold)

元素矿物的一种。和自然银等固体一起混合而成了固溶体（electru：金银合金）。含银量较多时呈白色，含铜量较多时则带点红色。颜色跟黄铁矿、黄铜矿的颜色比较相像，但条痕跟硬度均不一样。

| 分类 | 成分 | 晶系 | 颜色 | 条痕色 | 光泽 | 硬度 | 比重 | 解理 |
|------|------|------|------|--------|------|------|------|------|
| 自然元素类矿物 | Au | 立方晶系 | 金黄色 | 金黄色 | 金属光泽 | 2.5～3 | 15.2～19.3 | 无 |

* 金属的结晶构造中即使有其他原子进入，也不会打破原有晶体结构的固体混合态。

## 磁铁矿

(magnetite)

　　是氧化物的一种，晶体呈八面体形。属尖晶石族矿物。特点是拥有强烈的磁性，磁铁矿自身也是天然的磁石。岩浆岩普遍蕴含磁铁矿，它也是一种造岩矿物。可说是重要的铁系矿石矿物。中国古代的指南针"司南"就是利用磁铁矿制成的。

日本长崎县西海市鸟加乡产，中国有大量产出

| 分类 | 成分 | 晶系 | 颜色 | 条痕色 | 光泽 | 硬度 | 比重 | 解理 |
|---|---|---|---|---|---|---|---|---|
| 氧化物矿物 | $Fe_3O_4$ | 等轴晶系 | 黑色 | 黑色 | 金属光泽 | $5^+ \sim 6$ | 5.2 | 无 |

英国坎布里亚厄格鲁蒙特亨利摩尔矿山产

## 赤铁矿

(美式叫法：hematite / 英式叫法：haematite)

　　赤铁矿由氧化铁（$Fe_2O_3$）组成。是当今采掘工作中很常见的铁矿石。根据产状不同，会有不同的叫法，比如镜铁矿、云母赤铁矿等。上等的精品则会被制成宝石首饰。

　　像 bengala（赤铁矿粉末化物体）一样，矿石经常呈赤色，Hematite 名字正是来源于希腊语里的"血"。赤铁矿也常被用作颜料。中国著名产地有辽宁鞍山、甘肃镜铁山、湖北大冶、湖南宁乡和河北宣化。

| 分类 | 成分 | 晶系 | 颜色 | 条痕色 | 光泽 | 硬度 | 比重 | 解理 |
|---|---|---|---|---|---|---|---|---|
| 氧化物矿物 | $Fe_2O_3$ | 三方晶系 | 黑铁色－银灰色 | 赤褐色、红铁锈色 | 金属光泽 | $5^+$ | 5.3 | 无 |

## 自然硫

(native sulfur/sulfur)

　　自然元素矿物的一种。在火山的喷发口，火山性气体中含有的硫化氢与二氧化硫一同冷却后就生成了自然硫。它曾被大量采掘，被应用在各种方面的工业原料上。

日本大分县玖珠郡九重矿山产，中国自然硫主要产地是台湾北部

| 分类 | 成分 | 晶系 | 颜色 | 条痕色 | 光泽 | 硬度 | 比重 | 解理 |
|---|---|---|---|---|---|---|---|---|
| 自然元素矿物 | S | 斜方晶系、单斜晶系 | 黄色 | 黄色 | 树脂光泽 | $1^+ \sim 2^+$ | 2.1 | 一组平行解理 |

西班牙朗格鲁里奥安巴山格斯产

## 黄铁矿

(pyrite)

　　硫化物的一种。晶体主要呈六面体形、八面体形、五角十二面体形。外表跟黄铜矿较像，但比黄铜矿呈现的黄色要浅一点。乍看上去颜色跟自然金很像，容易混淆，所以也叫它"愚人金"（fool's gold）。英文名字"pyrite"来源于"pyr"词根，在希腊语中意为"火"。这是因为在黄铁矿上用锤子敲击就会有火花迸射，所以才取了这个名字。中国黄铁矿已探明的资源储量居世界前列。

| 分类 | 成分 | 晶系 | 颜色 | 条痕色 | 光泽 | 硬度 | 比重 | 解理 |
|---|---|---|---|---|---|---|---|---|
| 硫化物矿物 | $FeS_2$ | 等轴晶系 | 浅黄铜色 | 黑绿色 | 金属光泽 | $6 \sim 6^+$ | $4.95 \sim 5.10$ | 不完全 |

## 钛铁矿

(ilmenite)

具有弱磁性的黑色或灰色矿物。是很重要的钛矿石矿物，经常被用作白色颜料。岩浆岩和变质岩里含有大量的钛铁矿，不过在海滨沙滩也常采掘得到。在沙滩上采的多半混有磁铁矿（砂铁），可用磁石将他们分离开来。在月球上也有它的踪迹，它被认为是宇宙开发项目里的重要资源。

加拿大魁北克圣约翰湖产，中国有分布

| 分类 | 成分 | 晶系 | 颜色 | 条痕色 | 光泽 | 硬度 | 比重 | 解理 |
|---|---|---|---|---|---|---|---|---|
| 氧化物矿物 | $FeTiO_3$ | 三方晶系 | 黑色 | 黑色 | 金属光泽 | 5～6 | 4.72 | 无 |

## 黄铜矿

(chalcopyrite)

铜的硫化物矿物之一，是最重要的铜矿石矿物。溶于硝酸，被火灼烧时呈绿色的焰色反应。氧化后呈绿－紫红色系变化，或转变为孔雀石或蓝铜矿。黄铜矿有时会从上游的矿脉中风化破碎后随流水顺流，堆积在河川的砂砾中，很容易与其中的砂金混淆。中国主要产地集中在长江中下游、川滇、山西南部、甘肃河西走廊以及西藏高原等。

日本秋田县仙北郡宫田又矿山产

| 分类 | 成分 | 晶系 | 颜色 | 条痕色 | 光泽 | 硬度 | 比重 | 解理 |
|---|---|---|---|---|---|---|---|---|
| 硫化物矿物 | $CuFeS_2$ | 四方晶系 | 黄铜色 | 黑绿色 | 金属光泽 | $3^+$～4 | 4.1～4.3 | 不完全 |

## 闪锌矿

(sphalerite)

锌的硫化物矿物。含铁量高（超过10%）的颜色深，也被称为铁闪锌矿（Zn，Fe）S。中国产地以云南金顶、广东韶关市仁化县凡口矿、青海锡铁山等最著名。

墨西哥耐尔卡产

| 分类 | 成分 | 晶系 | 颜色 | 条痕色 | 光泽 | 硬度 | 比重 | 解理 |
|---|---|---|---|---|---|---|---|---|
| 硫化物矿物 | (Zn,Fe) S | 等轴晶系 | 褐色－黑色，含铁极少的呈琥珀色 | 褐色 | 金刚光泽 | $3^+$～4 | 3.9～4.1 | 四组完全 |

## 方铅矿

(galena)

　　铅的硫化矿物，是最重要的矿石矿物。要是把它切割开来，就会裂成骰子一般的立方体形状。它的特征是比重大，有着强金属光泽。方铅矿里蕴含着相当量的银。在中国自古就从含银的方铅矿中提炼银。

**日本山形县东田川郡大泉矿山产**

| 分类 | 成分 | 晶系 | 颜色 | 条痕色 | 光泽 | 硬度 | 比重 | 解理 |
|------|------|------|------|--------|------|------|------|------|
| 硫化物矿物 | PbS | 等轴晶系 | 铅灰－银白色 | 铅灰色 | 金属光泽 | 2+ | 7.5 ~ 7.6 | 三组完全 |

## 辉钼矿

(molybdenite)

　　钼的硫化物。钼的英文名字 molybdenum 也是源于这个矿物。外表与云母、石墨很像，也和它们一样是完全解理，但能根据不同的条痕色（青黑色）来进行区分。一般在高温型的热水矿床里与石英一起产出。中国河南、陕西、山西、辽宁等省都有出产，总储量已跃居世界前列。

**日本岛根县仁田郡小马木矿山产**

| 分类 | 成分 | 晶系 | 颜色 | 条痕色 | 光泽 | 硬度 | 比重 | 解理 |
|------|------|------|------|--------|------|------|------|------|
| 硫化矿物 | $MoS_2$ | 六方晶系 | 铅灰色 | 铅灰色 | 金属光泽 | 1 ~ 1+ | 4.7 | 一组完全 |

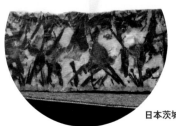

## 钨锰铁矿

(wolframite)

　　也叫黑钨矿，钨酸盐矿物的一种。一般产出时呈板状，或单向延长柱状晶体。也是重要的钨矿石矿物。特征是呈黑色，有金属光泽。中国赣南、湘东、粤北是世界著名的钨锰铁矿产区。

**日本茨城县西茨城郡高取矿山产**

| 分类 | 成分 | 晶系 | 颜色 | 条痕色 | 光泽 | 硬度 | 比重 | 解理 |
|------|------|------|------|--------|------|------|------|------|
| 钨酸盐矿物 | $(Fe,Mn)WO_4$ | 单斜晶系 | 铁黑－黑褐色 | 黑褐色－泛赤褐色 | 亚金属光泽 | 4.5 | 7.5 | 一组完全 |

# 不可思议的矿物

 ## 矿物的特别之处

无论是矿物还是岩石，种类都非常多，在这里面就有很多千奇百怪的东西。比如用刀就能削薄脱落的矿物云母，还有一受热就发出大蒜臭味的臭葱石。

在这里就先介绍几种奇奇怪怪的矿物吧。

### 受热发光的矿物

把萤石粉投到火中，就会发出青白色的光芒。这就是萤石名称的由来。它在夜里闪闪发光，就像在飞舞的萤火虫般，所以叫做萤石。不是因为燃烧着了才发光，而是受到了火传递的热能量所以发光。受热发光这样的特性也叫做热释发光。

### 受热发音的矿物

岩盐是食盐的结晶，当用平底锅把它加热时，就会发出"啪叽啪叽"的声音。这是因为通过加热，结晶体膨胀发生扭曲和破碎时发出了声音。这和晶体中含有的水分有关。这种现象叫做爆裂作用。

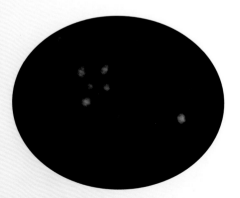

发出青白光芒的萤石

## 受热就会膨胀增长的矿物

花岗岩风化后的产物叫做风化花岗岩，里面蕴含一些晶体，这些晶体颜色从褐色到金色色系之间，形状从六角方板状到柱状不等。这晶体叫做蛭石，呈层状结构，具有易剥落的性质。这种矿物是由于花岗岩中的黑云母在地表风化之时，钾元素析出，而水分则进入其中，如此形成的二次矿物。

用镊子夹住蛭石用火加热时，蛭石就会膨胀，长度增加，可以达到原来长度的 10 倍以上。这是由于晶体层之间的水分受热变成水蒸气的时候，体积膨胀，就把晶体层之间的空隙也撑大了，矿物也就随着变长。看起来就像水蛭在扭动的样子。蛭石一旦增长，就算冷却下来也不会缩小回原来的样子了。

增长后的蛭石，英文学名叫做 Vermiculite。质量轻，具有保温、耐火、保水等性质，被应用在土壤调节材料、建筑材料、一次性暖贴产品等方面。

**南非德兰士瓦省帕拉波拉矿山产，中国有分布**

受热前的蛭石　　　　受热后增长的蛭石

## 从不同观察角度有不同颜色的矿物

堇青石在不同的方向上会发出不同颜色的光线，从这个角度看是蓝色，再从另外的角度看可能就变成淡黄或者淡褐色了。这是因为堇青石有着很强的多色性（结晶方向不同，对光的吸收传递程度也不同，反射出不同颜色的光线，这种性质就叫做多色性）。品优色美的堇青石被当做宝石。

堇青石常见于高温低压型的区域变质岩或接触变质岩，特别是起源于泥岩的角岩。此外在花岗岩里也会见到它。

堇青石的六方柱状晶体分解之后，原来的形状会继续保留，但性质已经变成白云母或绿泥石。然后它们再风化之时，结晶剥离，那断面看上去很像樱花花瓣，于是又叫它"樱石"。

堇青石的主要产地为巴西、印度、斯里兰卡、缅甸、马达加斯加、中国台湾也有发现。

**加拿大安大略州马尼陶沃兹杰科矿山产**

## 根据光源不同而变色的矿物

金绿宝石（chrysoberyl）氧化物矿物的一种。产出于伟晶岩和变质岩中。

金绿宝石的变种里也有些奇特的种类存在。其中变石在太阳光下呈绿色，在电灯等光源下却呈紫色。这是因为这种矿物吸收了特定波长的光导致的。Cat's eye（猫眼）也是金绿宝石的变种，切磨成弧面形后，再用光照射时，还可以看到它表面会出现一条细窄明亮的反光。

## 能透过它看到物体重影的矿物

方解石（Calcite）是碳酸盐类矿物的一种，其成分是碳酸钙（$CaCO_3$）。其中特别无色透明的自形结晶体叫做冰洲石（iceland spar）。

通过冰洲石晶体看，会看到对面的物体有重影。这是因为双折射现象造成的，很多矿物都有这个性质，但方解石的这种现象上最为显著。

**跟看电视的效果一样呢**

## 透过它产生物体浮凸视觉的矿物

光线进入呈直线传播的矿物很多，萤石、金刚石就是这样的矿物。但硼钠钙石（ulexite）是透明的纤维状结晶的平行集合体，有着让光线聚集在单束方向平行传播的性质。所以，透过晶体可以看到另一边的图像浮现在眼前这一面，就如同看电视一样。所以它也被称为电视石（TV rock 或 TV stone）。

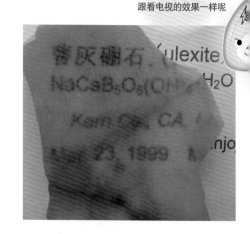

## 在不同的晶体面上硬度不同的矿物

蓝晶石（kyanite）是种硬度很大的矿物。很多矿物具有在不同方向上硬度不一的性质。对金刚石的加工也是利用了这个性质。但是蓝晶石在这方面表现太突出，硬度差异很大，从这点来说可说是稀有的矿物。

与蓝晶石有同样化学成分构成的同质多像变体矿物（化学成分一样但晶体结构不一样的矿物）还有红柱石和夕线石。蓝晶石是耐高压的结晶形体态。

巴西米纳斯吉拉斯卡佩里尼亚产，中国有分布

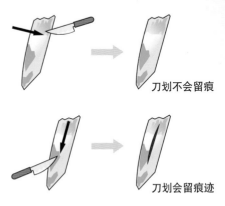

刀划不会留痕

刀划会留痕迹

蓝晶石某些部位纹理较坚硬，不易留下划痕，但某些部位容易留下划痕

## 天然产出，能食用的矿物

与其说这是矿物性质，不如说是利用方法。岩盐对于动物来说是个很重要的营养源。众所周知，牛、鹿等动物平时会舔舐岩盐。

人类不会只摄入盐分，但如果饭菜里没有盐，那不仅谈不上美味，连必需的营养也摄取不足。中国周围有海域，盐可以从海里提取出来，但我们也可以利用通过蒸发作用生成的盐层，不过每个国家的做法可能有所差异。

说是能食用的矿物，其实基本上没有能直接入口吞食的矿物。但不把它视为物体，而从营养源的角度来看的话，我们正在以矿物质的形式把各种各样的矿物吸收摄取入人体内。

## 含有内含物的矿物

非常纯粹，只由一种成分组成的矿物是很稀有的。大多数情况下都有着各色形态，蕴含各种不纯物质。那是因为晶体生长过程中，有其他的矿物，偶尔也有同种矿物掺到内部了。

晶体里面，若有如金属细丝般的金红石矿物体或者纤维状矿物体结晶掺入，这个晶体就被称作针状矿物或纤维结晶矿物内含物。若是内含角闪石、电气石等细小矿物，呈蓬草状的就叫做水草状矿物包裹体。若是内含绿色的细微结晶集合体，就叫做苔状矿物包裹体；而有

水份或气体封闭在内的则被称为液态或气液二相包裹体或水胆。其他结晶或者水分等不纯物在内部聚集时，还可能勾勒出之前晶体的轮廓。

这些不纯物质就晶体的完整性这点来说，其实不是理想的纯粹形态。但能清楚地观看到不纯物，这也算是比较稀有的，也有人只偏好收集这样的"瑕疵物"。因为通过这样的异物，能更好地了解矿物生成时的形态，也能更好地了解历史。

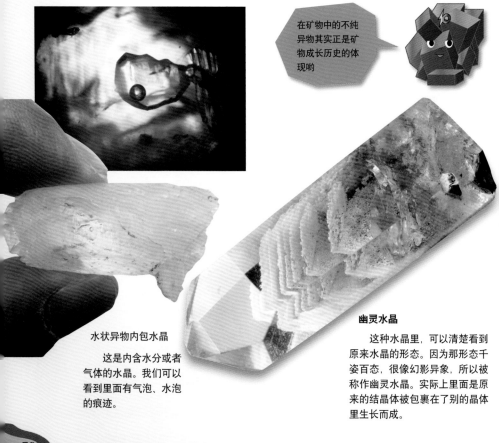

在矿物中的不纯异物其实正是矿物成长历史的体现哟

### 水状异物内包水晶

这是内含水分或者气体的水晶。我们可以看到里面有气泡、水泡的痕迹。

### 幽灵水晶

这种水晶里，可以清楚看到原来水晶的形态。因为那形态千姿百态，很像幻影异象，所以被称作幽灵水晶。实际上里面是原来的结晶体被包裹在了别的晶体里生长而成。

## 用作食物添加剂、增量剂用途的矿物

滑石性质非常柔软。除了被用在制造粉笔、标记笔用途外，还作为混合成分或者增量剂，应用在婴儿粉、化妆品类、医药品等方面。

人们现在会把纯粹的方解石研磨成粉，作为钙元素增补剂，加入健康食品、食物添加剂、医药品等里面。

矿物就是以各种各样的方式服务于我们。

### 会发出铿铿声响的石头

赞岐岩（sanukite）其实是非常细致的玻基方辉安山岩。众所周知它在日本香川县坂出市国分台周边和奈良县二上山周边出产多。赞岐其实是香川县的古称。这种岩石如果用硬物击打会发出"铿铿铿"的清脆高音，所以又叫做"铿铿石"。

在古代，它被用作石器材料，用来打制磨制石器。所以它跟黑曜岩等一样，是古代人的生活遗物，碎片在距离产出地很远的地方被现代人所发现。在现代也有所应用呢，玄关的门铃就会用到它，还有音乐会上用的"石琴"也有它的贡献。

用赞岐岩造成的石琴

# 宝石属于矿物吗?

### 宝石究竟是什么呢?

祖母绿

红宝石

紫晶

　　宝石一般是源于单晶的矿物，有着美丽的光辉和各种色泽。主要是作为饰物佩戴在身上。可能根据不同种类会有所差异，但能称得上宝石的，一般是因采挖量小而显贵重的高价物品。

　　宝石的特征就是硬。因为硬度高所以很难划伤，而风化、劣化等现象也很少，能够长期保持闪耀的光辉。容易风化、有划痕磕伤的矿物，过不久就会显得黯淡破损，失去了原来的美，价值也随之降低，这种就不能被称之为宝石。比如宝石中价值最高之一的钻石，是地球上硬度最高的矿物，莫氏硬度为10。红宝石和蓝宝石硬度仅次于它，硬

度为9。（关于莫氏硬度请参照第114页）

　　矿物里含有的不纯物质的种类、数量不一，会导致呈现的颜色也不一样。即便如此，我们还是会把它们看做是同一种矿物。但对于宝石来说，颜色不一样的话名称也会不一样。比如，红宝石和蓝宝石其实属于同种矿物，成分都是刚玉（corundum），但显色不一样。中等红色以上的宝石级刚玉称红宝石，其中红得如鸽子血一般的叫做鸽血红红宝石，其他颜色的一律称之为蓝宝石。而石英根据其显色不一也有不同叫法，如rock crystal(无色)、amethyst（紫

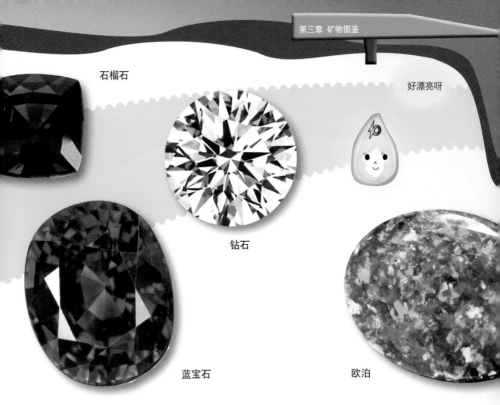

石榴石

好漂亮呀

钻石

蓝宝石

欧泊

晶，紫色）、rose quartz（蔷薇石英，粉红色）、citrine（黄水晶，黄色）、morion（墨晶，黑色）。

　　宝石里也有例外。比如，珍珠和珊瑚都是诞生于生物体，并不属于矿物，但却被列为宝石类。马氏珠母贝等贝类，因有异物进入了一个叫外套膜的器官里，自己分泌出珍珠物质来包裹异物，就形成了珍珠。珊瑚则是珊瑚虫的骨骼形成的。此外还有矿物集合体岩石达到工艺要求的，中国称之为玉石，国外归到宝石中。翡翠是硬玉辉石聚集而成的岩石，青金石（Lapis lazuli）也是源于学名叫

Lazurite（青金石）的夕卡岩。

　　而蛋白石和绿松石（土耳其石）这样硬度较低的矿物宝石也被列为宝石类。

　　这些例外如此之多，是因为宝石这个称谓并不是从"分类"或者"学术"诞生出来的，而是源于人们对美的感性认识。宝石的各种色泽和光辉让人们感受到了美的魅力，从而把它们当做贵重物品，有时还会把它们当做拥有神秘力量或者有圣力的物品，在仪式中使用或者当成守护符供奉。

　　宝石多被作为商品来销售，但同一种宝石可能同时拥有矿石矿物的学名和作为商品的商业名称，容易混淆，要注意区分。

# 生成金刚石需要什么条件

## 金刚石与石墨由同种元素构成

金刚石是透明而闪耀着耀眼光泽、最硬的矿物。那个光泽和硬度都是无与伦比的，所以也被称为"宝石之王"。其实金刚石和石墨（graphite）一样，由纯碳元素（C）组成。黑乎乎的矿物，跟闪耀着光辉无色透明的金刚石居然是由同种成分构成，很不可思议吧？造成这个形态不同的原因在于它们的结晶结构不一样。决定矿物形态的结晶结构不一样，就可以让它们成为拥有完全不同性质的异种矿物。就如下图显示一样，金刚石结晶非常规则有序，不易被打破。

那有着这样结晶结构的金刚石，是怎样形成的呢？

看不出是由同种元素组成吧

**金刚石**

金刚石的结晶结构是许多密集的正四面体。每个碳原子结合力都非常强，所以能成为最硬的矿物。正因为有那样的硬度，所以它能被应用在切割金属的工具上。

**石墨**

石墨的结晶结构是重叠的六角形网眼状的原子层。层与层之间的结合力很弱，造成石墨质薄、易断裂剥离的性质。石墨质软，也被应用在铅笔芯制造上。

金刚石与石墨的结晶结构

## 金刚石的生成

金刚石生成的必要条件是极高的温度（高温）与极高的压力（高压）。只有在这样的条件下，黑色的碳元素组成的晶体结构才能发生变化，变成无色透明又闪耀着耀眼光泽的矿物。

要达到这样的条件，基本上要在地底深处。几十亿年前，因为地下岩浆而产生的高温高压，金刚石得以诞生。再之后，岩浆等地底活动把金刚石带到了地表。

现在能采掘到金刚石的国家有俄罗斯、南非为首的非洲各国，还有澳大利亚、中国等。

这些地方能够采掘得到金刚石，可以说是

因为其地质能创造生成金刚石的高温高压条件。而有这种条件的地域又很少，在其他地方就采掘不到了，所以金刚石非常贵重。而且能满足宝石级别条件的上品更是少之又少，价格极高。

**金刚石的主要产出地**

火山

海

地下150～250千米

地壳

岩浆

地幔

岩浆的高热高压使碳元素转变成金刚石

**金刚石的生成条件**

# 宝石的切割与研磨

 **宝石是怎样发出耀眼光辉的呢?**

宝石在地底刚被挖掘出来的时候可不是像我们平时见到那样耀眼的，看上去黯淡而不起眼。当然，它们跟它们周围的岩石相比，颜色和形状是不一样的，但不会像我们见到的宝石那样闪闪发光。宝石要被制成饰物的话，必须要经过加工，把其表面切磨（专业名词叫做琢磨），把它切割成能很好地反射光线的刻面形状。

人们在加工的时候会根据宝石的种类，尽可能保留矿物原来的结晶形态，争取做到不浪费有效材料。在宝石切割款式中最有名的是钻石的标准圆形明亮式又称标准圆钻型，被认为是让钻石最大限度反射光芒、闪耀亮泽的切割方法。

除此之外，四角形、椭圆形、心形切割，还有无刻面光滑型（专业领域称作弧面型）等手法，都根据宝石种类和所制饰物用途来决定不同的切割方式。

切割前的红宝石原石

切割后的美丽红宝石

红宝石原石切割前后对比

## 各式切割方法

宝石的切割方式有很多种。圆形明亮式是1919年由一个叫马尔赛尔·托尔科夫斯基的数学家提议出来的，把宝石切割成58个刻面（culet 底尖不切割的情况下是57面）的一种手法。从上往下看，切割成正圆形的就是圆形明亮式。并不是光切割就行了，为了让它更显美丽，还要再进行许多细加工。

下面就介绍一下具有代表性的切割方法。

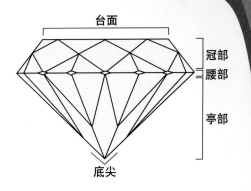

台面

冠部
腰部
亭部

底尖

圆形明亮式的各部分名称（横向角度观察）

有很多种切割方法的哟

圆形明亮式

梨形明亮式

椭圆形明亮式

心形明亮式

榄尖形明亮式

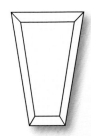

方形混合型

主要切割方式种类

# 生辰石

 **所谓生辰石，是怎么定义的呢?**

你听说过生辰石吗? 有种传言说每个月份都有相应的宝石作为当月生日者的守护石，那种宝石就统称为生辰石。

生辰石的由来可以在《圣经》"旧约"里找到——神规定"圣职人员在仪式进行时要在胸甲上佩戴12颗宝石"。这12颗宝石后来就变成了每个月份的象征，人们也将这些宝石作为各月份的守护石佩戴在身上。后来更演变成了各个月份的生辰石。

本来这些宝石是嵌在祭司胸前的哟

## 日本的生辰石一览

生辰石其实根据不同国家也会不一样，在日本一般就如下表所列。

在古代，这些宝石其实跟自己的生日无关，只是作为"当月的守护石"，但慢慢地就变成了今天我们佩戴它的含义——自己的生辰月石。3月的珊瑚，6月的珍珠都能在日本采挖得到，这可能也是被选为日本生辰石的原因之一呢。日本和欧美的生辰石非常相似。

**各个月份的生辰石**

蓝宝石
欧泊
托帕石（黄玉）
橄榄石
绿松石（土耳其石）
红宝石
石榴石
珍珠 月光石
紫晶
祖母绿 翡翠
钻石
海蓝宝石 珊瑚

各个月份的生辰石

# 陨石

## 从宇宙来的陨石

陨石是落到地球的、地球以外的天体碎片。"陨"字的字义本来就是从高处落下之意。

陨石主要由金属铁（Fe）和硅酸盐矿物组成，根据其组成比例可大概分为三种。

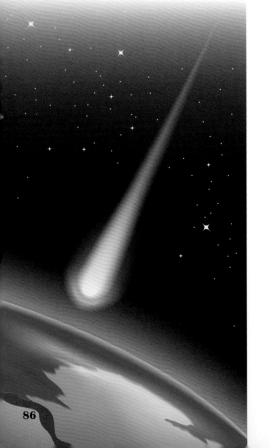

## 铁陨石

主要组成成分为金属铁，铁陨石被认为是从分化的天体的金属核剥离出来的。其中的八面陨铁（又称八面石），是具有铁陨石代表性外表的一种，是经过了长期冷却后形成了这个样子。里面含有金、铂金、铱等贵金属。

八面陨铁

## 石铁陨石

内含铁合金与硅酸盐矿物的量几乎相同。分化后的小天体内部，其球核和球幔并没完全分离，还有金属铁和岩石混入其中，这被认为是石铁陨石的起源物质。

## 石陨石

主要由硅酸盐矿物组成。根据其内部是否含有球粒结构又可分为两类：球粒陨石、无球粒陨石。一般认为球粒陨石起源于未分化天体的地壳，而不含球粒陨石则起源于分化后天体的地壳。

# 陨石与日本

已确认落在日本的陨石数量并不是很多，约有50块，中国有几百个。但日本在南极回收了将近17000块陨石，成为了陨石拥有数量排名世界第二的国家，中国排名第三，有近13000块。大和陨石和飞鸟陨石就是南极陨石的其中两块。

陨石落下的时候，因为受到地球重力而快速分解，而跟大气的摩擦也让它们迅速大幅发热。这时陨石表面就会熔化，形成熔凝壳。想简单地分辨是否是陨石，就可以看有没有这个熔凝壳。但是，一般来说要鉴定是否是陨石，如果不是专业人员的话还是比较困难。在日本，陨石都属于首位捡拾者。

飞鸟基地
昭和基地
大和山脉
南极大陆

在南极有好多陨石被发现了哦!

玻璃陨石（tektite，语源为希腊语的tektos，意为熔化）是由于陨石之间的互相撞击而形成的天然玻璃。成分与地球的岩石相同，但不是陨石。有很多形状，如圆形或水滴形状等。有的大小可达到几厘米。

现在人们认为因为快速的撞击，陨石的巨大能量瞬间把地球表面的岩石、砂等汽化蒸发了，而这些汽化物在空中急速冷却凝固就形成了玻璃陨石。形成后落在撞击造成的环形山位置周边。在捷克采集到的捷克陨石（moldavite）就是通过这样的过程形成的玻璃陨石中的一种。

捷克陨石(莫尔道玻陨石)

# 第四章
# 来采集岩石、矿物制作标本吧

就如我们之前介绍过的，地球上有各种各样的岩石和矿物。这些岩石矿物究竟要去哪里才能取得呢？取得岩石、矿物这个动作的专业名词也叫做采集，我们要采集的话，必须在出发前就搜索好目的地的信息，还要准备好采集工具。此外，要进行采集，得遵守很多守则。现在就让我们去实地一探究竟，把它们采集回来并自制成独一无二的标本吧。

# 采集前须知

 **能在日本采集到的岩石、矿物**

在地球上随便哪个地面挖一下，都会挖到岩石或矿物的。但岩石和矿物有这么多种类，究竟在哪里会有哪些岩石或矿物，它们又呈现什么样的形状呢？让我们外出到野外，观察一下地层，采集相关的岩石、矿物吧。

在日本，岩石和矿物的种类也都非常多。但说到采集，也涉及很多问题，比如是不是尽量采集一些具代表性的岩石，或者是去查找一些珍稀矿物，还是要去收集漂亮的矿物晶体？并不是想象中那么简单，能说干就干。

此外，岩石和矿物的采集地是不一样的。岩石分布广泛，露出地面的部分叫做露头，那是最醒目的标志。而矿物的采取涉及观察岩石内部成分，则要到矿山等特定场所找，那里的矿物分布是很集中的。

矿山是把地里的矿物采掘出来的场所或者工厂，但现今日本已经基本上没有矿山在进行采掘作业了。只有九州的菱刈金山还在继续作业。古时候在日本是有很多矿山的，有许多含有金、银、汞、铜、铁、铅、锌等成分的，各色形态的矿物被人们从地里采掘出来。

这是在菱刈金山采集的含金银石英（银黑矿石）

在菱刈金山应该除了金，银也是能采掘到的

*为了比较矿石大小而在矿石旁放的笔

日本菱刈金山

## 在什么地方能采集得到？

最近能采集的场所是越来越少了，不过如果是岩石，在河滩采集的话采集到的概率还是比较大的。此外，能发现露头（岩石露出地面的部分），或者能发现从地层崩裂剥离滚落在地面上的岩石块的地方，是个好选择。这些地方一般会是山间的小溪、海岸、山路挖凿处、施工现场等。

矿物的产地一般就是矿石、采石场、山间等地。

采集这样的岩石、矿物的场所一般比较危险，须由大人一起陪同前去。而要去什么场所，要采集什么东西，出发前在地图或者书本查好是很必要的哟。

| 岩石、矿物的采集场所及采集要领 | |
| --- | --- |
| 河滩 | 河滩上有很多各种颜色形状的岩石。雨后的积水消退之后，会显得更醒目。如果运气好的话可能会发现矿物 |
| 矿山的矿渣场 | 从矿山采掘出来但无法作为矿石利用的岩石残渣就叫做矿渣。堆放矿渣的地方就叫做矿渣场。在矿渣场可能发现一些含金属矿物的较重的石头 |
| 采石场 | 花岗岩料市场里，经常能发现诸如大块水晶之类的矿物晶体 |
| 道路施工现场 | 道路施工现场里可能会有矿物碎片 |

河滩

矿渣场（废矿物）

## 收集采集场所的信息吧

采集场所的信息，一般在实地考察用的指导书里可以找到。此外，也有一些地质爱好者组织，或者博物馆主办的考察活动是有采集这个项目的，如果去参加，也可以获得更多相关信息。也能在网络上查找到相关采集场所的信息。

别忘了在地质图上也能获得信息哟。地质图其实是告诉你"表土下面有着什么种类的岩石和地层，它们又是如何分布"的地图，除了建筑物、树木等植物、山林等地表泥土之外的信息都会显示在上面。根据这个地质图，就能找到目标岩石。

要想得到矿物的采集情报，旧版地图也有用哦。日本以前国土地理院发行的地图上，记载了矿山位置。比如，1965年之前的旧版地图上就记载着很多已经关闭的矿山。现今地图上标记着矿山的地方，有些已经被推土填平，有些就这样废弃在那里。那些地方还是可以去的，去寻找一些遗留下来的"废矿"。

无论是岩石还是矿物，都与其可采集到的场所、地域息息相关。我们能从这里学习到历史，有时还能通过过去预见到社会未来呢。

市面上销售的指导书籍或者网络都是获得采集场所情报的有效来源

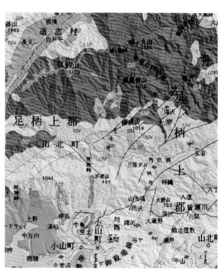

地质图是显示地下情况的地图，通过它我们能看到所在地的断层（╱）、化石产地（╳）、矿山（⚒）等的标记，还能根据其颜色的划分得知那里的地层岩石性质。

地质图（20000：1的无缝地质图，单位比例为厘米）

采集场所的信息真是有很多很多呢

# 采集的注意事项

切记要查清楚的是，那个场所是否真的能进行采集？是否危险？无论是采集岩石还是矿物，这些都是很重要的。

## 究竟能否进行采集？

那个场所是否是国家或者地区的指定公园？是否是私有地方？如果是的话，那未经允许是不能进去采集的。法律上对自然保护区和国家指定公园是有这样的规定的。但如果事先得到许可，就没有问题。要进自然保护区、风景区、林区等公园采集必须要得到相关部门的许可，所以请先去申请许可吧。如果是私有地方，不事先得到业主的许可就进去采集的话会构成犯罪。以前的矿山采掘遗址，有很多都是私人所属，所以一定要注意哟。

如果是在河滩或者海岸，那就不用管这些规定了。位于矿山下游的河滩，会有些以前采掘的矿石和岩石碎片顺流搁浅在那，那些是可以采集的。

## 究竟是否危险？

采集岩石或矿物时，遇到散落在地的可以直接拾起来，要是在地里的那些，就要用锤子敲打露头，把其中一部分敲落下来。敲击之前一定要确认要采集的目标上方有没有岩石或砂土，以免在作业的时候落下来砸伤自己。

在大型矿山遗址相对安全点，但有些地方也不是临时的安全措施能兼顾到的。有些坑口也没填埋，就那样开着，只在里面插块"禁止进入"的牌子。贸然进入坑道内的话，也许会有些松垮的岩石掉下来导致受伤。

此外有些地方可能有熊或毒蛇等危险动物，有些地方充满了有毒气体，或者氧气稀薄，这些地方是决不能进去的。

没得到许可就在公园里采集是不允许的！

写着"禁止进入"的场所绝对不能进！

# 采集前的工具准备与心理准备

 ## 关于所需着装及需持工具

采集前的准备可
是很重要的哟

　　要采集岩石或矿物，需要穿适合在野外活动的服装。而采集要用到的工具有很多，包括用来敲凿岩石的锤子，放置采集样品的塑料袋等。除此之外还有其他一些便利之物是可以带去的。

要给头部戴上帽子哟。为了保护头部不被日晒雨淋，可以选择帽檐宽一点、或者有其他遮阳设计的帽子。
如果去到一些危险场所，应戴上安全头盔。

要戴上手套。戴手套不仅能避免敲凿岩石时被划伤割伤，还能降低走路时因不注意造成的小伤等。有条件的话戴上柔软的皮革手套比较好。

衣服外面套上一件口袋较多的渔夫马甲去采集挺方便的。

因为作业可能需要站着或者坐着，穿上膝部宽松的裤子比较便于行动。

## 采集用的便利工具

| | |
|---|---|
| 岩石采集专用锤 | 要敲凿岩石，这个是必需品。这类有镐头型和钻头横刃型，一般用镐头型较多，但若碰到有石层的沉积岩，用钻头横刃型会较方便 |
| 钢凿 | 在敲凿岩石、挖取矿物的时候钢凿挺有用的，长度10～20厘米的物体也能轻松处理。要注意有分平头和尖头的哦。使用钢凿时，另一只手使用锤子，那锤子砸到握钢凿那只手的意外常有发生。现在也有些改良钢凿，增加了一些保护手部的设计，就不容易把手砸到了 |
| 放大镜 | 就是平时用来观察小虫子的虫眼镜（凸透镜）。10～15倍数的就够用了 |
| 指南针 | 用它就可以避免在山里迷路哦。还有量坡仪也很实用，可以测走向和坡体倾斜角度 |
| 磁石 | 把磁石绑到绳子上，拎着可以确定矿物和岩石有无磁性。市面上还有更方便的磁性笔卖 |
| 野外记录本 | 记录野外活动情况的本子。用的是特殊材质，就算被水溅湿了也能书写 |
| 塑料袋 | 用来装采集品的袋子 |
| 油性尖头万能笔 | 能在采集品或装采集品的塑料袋上写字标记的必需品 |
| 报纸 | 用来包裹采集品，或者用来把湿鞋子的水分吸干，用处多多 |
| 小刀（或钉子等） | 用来测试矿物的硬度 |

夏天在山里气候很容易变化，所以雨具是一定要带去的。在山脊风大的地方，伞是不管用的。应当穿雨衣，把双手空出来。

敲凿岩石时应戴上护目镜（塑料材质的安全眼镜）。这是为了防止飞散的矿物碎片溅伤眼睛。

在野外也许会碰到毒虫或者带刺的草木。为了保护身体，必须要穿上长衣长裤。

采集时一般穿平时的运动鞋就够了，不过如果要去岩石非常多的地方，就最好穿上轻便的登山鞋或者防水的登山靴。去沼泽附近时，穿上防滑长靴，足部就不会弄湿。袜子最好也穿厚点的那种，比较保险。

除此之外，也最好带上水壶、伤药、防虫喷雾、小型手电筒、相机等。

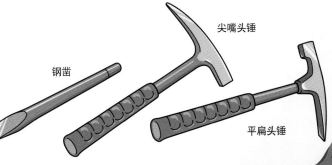

尖嘴头锤

钢凿

平扁头锤

# 采集岩石去吧

 **采集时要遵守行为规范哦**

关于采集的注意事项已经在第93页说过了，不过在这里还要说一下行为规范，采集岩石矿物时遵守规则是很重要的。

调查感兴趣的事物也好，为了确认实物而进行观察也好，做事情的时候要注意尽量不要给周围的人添麻烦。

那在采集过程中必须遵守的行为规范是什么呢？

最重要的一点就是"尽量保持原状"。不在采集场所乱丢乱扔那是自不用说的，还得注意带回去的采集品的量。比如，较大的采集品，从上面可以看出与周边地理的关系等，有着很多优点。但考虑到搬运、处理方式、收纳方法等，应尽量采集"适中"大小的岩石，把重量降到最低限度。

采集岩石、矿物记得注意以上说过的规则哦。

## 采集时的行为规范

●不能把当地的岩石、矿物一个不剩地拿回去。

● 不能把在其他产地获得的岩石扔在当地。

这些都要注意哟

## 锤子的使用方法

　　敲凿岩石时最最要注意的是，尽量避免造成意外。

　　锤子大概有500克～1.5千克不等的重量。要挥动这个物体其实是蛮危险的一件事。使用锤子时，要确认在你后面有没有站着人。而且敲凿岩石时会飞溅碎片，也得确认下周围有没有别人。如果有人的话，距离大概2米以上是没问题的。

　　其次，就是要敲凿能力范围以内的岩石。有很多人敲凿大块岩石时会从中央部分开始，这样的话一般不可行。锤子的重量只有500克～1.5千克，那这个重量对于大块岩石来说算是轻的，就只能敲敲，无法让它剥离岩体。能成功地凿下能力范围内的标本，经验确实很重要。例如，扁平质薄的，有裂痕裂隙的岩石，就在它的棱角处、尖端部分处敲凿，就较容易把它敲下来了。能熟练使用钢凿也给采集工作增添了便利。

切凿岩石时，最好在棱角处下手，就容易多了

**岩石的切凿方法**

## 现场的整理方法

采集品这么多，有着各种特征，想要获得更深层记忆的时候，一般就要想起采集时的情景。但相似的种类也很多，一旦采集了小山一样的采集品，也很容易忘记哪个是哪个。就算是同一天采集的样本，也有很多相似特征，即便在采集场所当地能分清，想着以后记住就好，之后可能马上就会混淆了。为了防止这种情况，一采集完必须在"那时那地"马上在采集品上做上编号。

编号包括了名称和号码。比如年月日与号码、名称与号码、产地与号码等组合是很常用的。虽然在采集品上做标记会较好，但采集品的状况不一，有些太小，有些是弄湿的，有些浑身没有一块平的地方等等，很难进行书写。这个时候就要用包装纸或者塑料袋把它们装进去，再在纸上或者袋子上做标记。

### 在记录本上记录信息

做了编号后，在现场把相关信息记录在本子上也很重要。

内容一般可以写其记号内容、种类、大小、数量、特征、采集场所、采集目的等等。还能写上采集品的纹理方向、上下或变化纹理方向、与其先后的采集品的关系等。

要是时间来不及，或者当时天气不好，人很疲累，就尽可能把能记下来的信息记录下来。要是持有地图的话，还能记下采集的位置。

也可以通过使用 GPS 等工具简单地记录位置信息。把采集场所的照片拍下来，回去后一看就能想起那地方是什么样子，对之后的工作也是个好的参考。除了照片，如能画下相关草图就更加明了了。

采集品

年月日
（例：2016 年 5 月 1 日）

采集品的编号

记录本

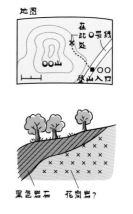

记录的方式(例)

# 标本的制作方法

## 把采集品做成标本吧

将采集品清洁后（请参考第104页），贴上标签，写上必要事项后放置进盒子里，这样就完成了标本的制作。记得把能展示那个标本组构或结构构造（样子、矿物之间的关系等）的一面朝上放置。

选择采集品做标本时，尽量选择看起来比较新的，污渍少的那些岩石。如果可以的话，最好用岩石切割机把它切割，再把锋利的边缘磨平滑一点。不过这种方法需要有专业机器。

至于标本盒，市面上也有各式各样的盒子贩卖，有很多非常漂亮的款式。不过如果没那么讲究的话，用结实一点的点心盒子就可以了。

矿物标本

可以买市面上的标本盒，不过自己动手做标本盒也很有趣哟

## 用来完善标本的物体

　　如果是用点心盒子等来做标本盒的话，可以直接利用盒子里原来的纸质隔断。如果原来的盒子里没有，那就要自己动手做了哟。

　　小小的点心盒子比较适合个别保存一些特别的岩石或矿物。在盒子里铺上棉花，贴上标本标签，就变成很好的保存盒了。如果对点心盒的外表有要求，也可以花点心思贴上包装纸。

　　小玻璃瓶或者小塑料瓶的话，放小石头、砂石、微小的矿物晶体等比较方便。贴标签的时候要注意标签不要遮住里面的标本。还能用木料做成放瓶子的小架子。贴上标签，把瓶子放在木架上排列好，那就是一个正式的标本架了。

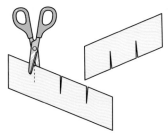

把厚纸板（厚度约1毫米）分成纵横两类隔断，各自剪成适合标本盒内侧纵横的长度，像下图一样把隔断放进去。

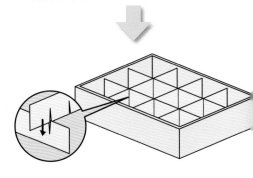

把纵横隔断纸的两个口子对上，就组成了这样的隔断。

標本盒隔断的制作方法

使用各式包装纸来打造自己专属的标本盒吧。

放置进小瓶子里的矿物标本

## 标本的整理（标签的书写方式）

写标签的格式并不是一成不变的。只要自己和别人一眼看到就知道是什么标本，标签的作用就达到了。例如，相关编号、标本名称、产状（特征）、产地（地图号码标注）、采集日期、采集人等，标记上这些的话就一眼明了了。

标签的大小和标本的大小也有关系。一般做成适合盒子大小的规格放进去即可，但有时也会放置在标本旁边。把标签放进透明的标签卡套里的话可以防止被采集品摩擦蹭破哦。

还有件重要的事情，就是根据标签做出标本一览表，那就能轻易找到哪个标本收纳在哪个盒子里了。

编号：WAMT-32
标本名称：

# 伟晶岩
**Granite**

产地：湖南永州市花岗岩采石场
采集：　　　2016 年 3 月刘明

**标签的书写方式**

写的标签要让人一眼看明白这是什么石头哦

**内置标签**

编号：WAMT-31　　　分类：FS-岩浆岩
标本名称：流　纹　岩
备注：红色的基质中生长着石英等斑晶

产地：Rhyolite, NV, USA
采集：2016 年 3 月 20 日　　　刘明

**外置标签**

# 来采集矿物吧

 **矿物的采集方法**

人们根据矿物性质不同，划分了非常多的种类。单晶体是很漂亮，不过也不是所有标本都是单晶体。有和母岩连在一体的，有连生晶体，这些矿物集合体也很有趣的哟。碰到这些的时候，先好好观察矿物所在的岩石（母岩）吧。使用放大镜仔细地观察，然后在本子上写下你观察到的情况。

采集矿物时，把手掌放在采集品下面，或者拿张纸铺在下面再进行采集，以防细小的晶体掉下来不见了。

当采集到了矿物但不知道它的名称时，可以查找图鉴。但图鉴上找不到的话，就最好去博物馆问矿物采集的行家。

采集矿物跟采集岩石一样，采集的时候不可以破坏当地环境哦。不过可惜的是，还是有不遵守行为规范的人存在，这些人让私有地的业主厌恶，就在那里立了"禁止进入"的牌子不让人进了，这样的地方还挺多。

先记住矿物所在的母岩是哪种！

把纸垫在下面以防细小的晶体落下哦！

## 矿物采集的要领

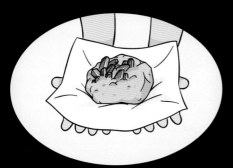

连着母岩一起采集的话，不但能更容易看清产状，矿物也不那么容易被毁坏。

多拿到手上比较看看，很重的岩石可能里面能挖到宝哦。

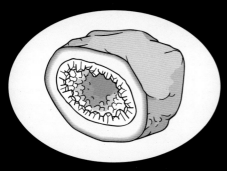

要是发现了晶洞（岩石中布满晶体的空洞），一般也能发现集合体晶体哦。

碰到很漂亮的晶体，就配合钢凿，小心地敲下来，尽量不要弄坏。

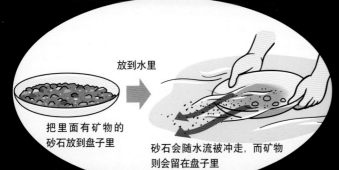

放到水里

把里面有矿物的砂石放到盘子里

砂石会随水流被冲走，而矿物则会留在盘子里

通过水洗把在砂石中的小矿物筛留下来，这种方法叫"淘盘选"。用这方法把矿物筛出来就好了。

# 清洁方法

## 清洁岩石和清洁矿物的方法不一样噢

不一样的石头，清洁方法也不一样哦

清洁岩石和清洁矿物，在程序上是有点差异的。

岩石呢，你把它放在水龙头下随便冲洗也无所谓，因为沾在上面的大部分是泥土，拿硬毛刷子刷刷弄掉就好；苔藓之类的植物也能刷掉。但要注意的是，如果是一些重度风化的岩石，就要小心一点处理，否则很容易碎裂毁坏。

清洁矿物时，基本上用牙刷来清洁。首先用细水流轻轻冲洗，用温开水就好了。要是污垢一时难以除去，就把它泡在清洁剂里浸泡一天即可。

变成茶色的铁锈污垢、黑黑的二氧化锰污垢等，可以用家用漂白剂除去。之后用清水把它们都清洗好，自然风干。细小的苔藓那些，用小镊子或者牙签小心剔掉。

不管是哪种清洁方法，一开始都不要马上在重要的采集品上用上，先在那些小型的或者没那么重要的采集品上做试验会比较保险。

清洁完之后闪闪发亮哦！

矿物要用牙刷来洗哟！细小的苔藓用小镊子除去吧！

岩石用硬毛刷刷也行！

污垢洗不掉时就先泡在清洁剂里吧！

清洁要领

### 利用了磁铁矿的指南针

指南针是建议采集携带工具之一。现代指南针，是人为造出来的永久磁石。但在很遥远的古时候，人们是利用矿物来当指南针用的，那就是磁铁矿。磁铁矿具有磁性，把磁石绑在绳子上，晃悠的磁石一旦靠近磁铁矿就会被吸引过去。日常生活中离我们比较近的是铁砂矿，砂池里的砂子里也有，把磁石靠过去，它们就会紧紧相吸。铁砂矿里大部分都是磁铁矿。也有些磁铁矿是磁铁矿本身就带有磁力的，人们认为这是因为含有很多磁铁矿的岩石因遭到雷击，受到强力电流影响而磁化了。磁化就是从没磁力变成有磁力，把磁石多次靠近铁，接通电流，这样也可以造成磁化。

能被称为天然磁石的磁铁矿能指示南北方向，据说在公元前的时候中国人就懂得这性质了。在中国汉代，使用了磁铁矿做成的方位仪（罗盘，指南针的原型）是一个勺子的形状（在中国的正确叫法应该是调羹），当时被叫做"司南"。和下面的板子接触的地方也和勺子一样做得比较圆滑，这样它就能在上面很好地转动了，柄子的方向就是用来指示方位的。

在那之后的欧洲大航海时代，哥伦布他们就使用靠磁铁矿发明出来的罗盘在大海上航行。

**汉代时使用的司南模型**

# 第五章
## 来细察一下采集到的岩石、矿物吧

要是认真观察岩石或矿物，就知道它们的形态是各式各样的。有外表粗糙疙疙瘩瘩的，有闪闪发亮光滑的，有质薄易剥落的等。如果是岩石，去细细观察里面含有的颗粒，就能明白它是由各种颜色和形状的矿物构成的。很多都能在山林、海边、河滩等地方发现得到，有时还可能发现化石呢。把岩石和矿物采集回来后，那个东西究竟有着怎样的特征，就要靠自己去观察调查啦。

# 岩石、矿物的分辨方法

## 首先用肉眼仔仔细细观察

采集到的石头应该不会很大，是能拿回家的那种程度的大小。拿回家之后先仔仔细细地观察一下。

就如下面的表所示，单从外表就能大致分类了。

| 分类的要领 | |
|---|---|
| 大小 | 测量最长的直径。大小的分类请参照第 35 页 |
| 形状 | 有棱角、圆形等 |
| 颜色 | 白色、黑色、或者当中还混有绿色、红色等其他的颜色 |
| 手感 | 凹凸不平、表面粗糙、表面光滑、闪闪发亮 |
| 重量 | 重、轻(也要测量具体的重量) |

仔细观察岩石的话，就会发觉有颗粒凹凸不平的，有条纹的，有一层层堆叠而成的等等，单是外表就千变万化。也有表面直接反映出内部状况的石头哦。比如外表像书一样由一层层薄层叠起来的，就是沉积岩了（请参照第32页）。通体白色但混有黑色斑点，或者反过来是通体黑色混有白色斑点的，就是岩浆岩（请参照第38页）。颗粒扁平，结构排列不整齐的就是变质岩（请参照第44页）。

但是再仔细看看的话，会发觉就算是沉积岩，岩层部分可能有细小的颗粒，或者颗粒里面还包含着颗粒等等，并不是单一的构造，很多时候也会看到有复杂的构造。有时肉眼就能看到那一个一个的颗粒，要仔细观察它哟。

要仔细观察究竟具有什么样的形状和颜色

## 用放大镜来放大观察

如果要观察的部分太小看不清楚的话，就要使用放大镜了。用放大镜看的话能看到表面的细微凹凸还有颗粒相互的关系。在野外用折叠式的"伸缩放大镜"很方便，但平常用的普通凸透镜也是可以的。10倍的放大倍率就足够用了。

使用放大镜时，要根据实际情况来做调整，调整石头、镜面和眼睛的距离。为了方便观察，就到明亮之处去。绝对不能直接在太阳光直射下去用放大镜观看。

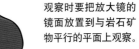

观察时要把放大镜的镜面放置到与岩石矿物平行的平面上观察。

## 用显微镜来观察

要进一步知道内部的结构，就有必要再扩大视角了。所以为了更好地观察，显微镜这样的专业工具是必需的。用显微镜观察时，岩石矿物的模样会看得更加清楚。有一些肉眼或者放大镜看不见的微粒或者形状，用它就能看到，所以对于进一步研究是很便利的。

### 请发挥你的想象力

岩石真的有着千姿百态。颗粒堆叠成层的，大粒子包裹着小粒子的……试试从它们的模样去想象一下那个岩石是如何形成现在这个样子的。边观察调查边想象，把想象力调动起来，就找到通往了解岩石的道路了。

# 观察大小、形状和颜色

## 细察它的大小和形状

采集到了岩石，首先要记录的就是在哪里采到的。然后再测量它的直径大小。

测量大小之后进行分类（请参照第29页）。然后再观察其形状。是凹凸不平的呢，还是表面光滑的？还是其他的什么形状？如果是凹凸不平的，那应该是直接从母岩分离出来的，如果是光滑的呢，那可能是经过河川水流冲刷，把棱角磨平了。

就这样通过观看石头的形状，把不同的采集场所作比较，比较出那岩石是在河流上游呢还是下游，做这些事情也是挺有趣的。

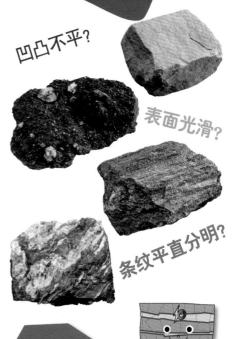

凹凸不平？

表面光滑？

条纹平直分明？

要仔仔细细观察每个岩石，比较它们的差异

## 打火机里的小石子

摁动打火机，它冒出火苗的时候往往会有些火星"啪吱"地迸散开来，那是因为里面有些小石子组成的构造造成的。使打火机火花飞溅从而产生火苗的石子叫做打火石，它是由铈与铁的合金构成的。它们互相摩擦生热，里面的铈就会因这热量而产生火。打火机里的助燃液体是酒精或者油，也有使用液化气助燃的打火机。

## 观察颜色

我们就来观察岩石的颜色吧。它们的颜色也很多彩，有白色黑色和其他混合色等。

比如安山岩里就含有很多有色矿物（辉石、角闪石、黑云母等）。而花岗岩里，浅色矿物（石英、长石等）比较多。岩石里含有的深色矿物的比例也叫做"比色指数"，这也是岩石分类的其中一项指标。

用肉眼看能看出大体的颜色，不过如果用放大镜看的话，看到的细微之处可能跟肉眼看的很不一样。里面可能混有很多白色、黑色、灰色等各种颜色的颗粒，非常散乱。通过观察这些就可以知道那个石头是岩浆岩还是沉积岩。

**有色矿物**

云母

## 敲凿岩石

有些岩石表面布满污垢，导致无法好好观察，这时候为了更好地观察就要用锤子把它敲裂分离开来。敲的方法也根据物体的差异有所不同。

把岩石敲碎后，可能还可以取出里面的矿物。要是在河滩上采集回来的岩石，也有可能那就是矿物本体哦。

矿物有着很稳定的化学组成和规则的晶体构造，所以要按一定的方向去操作。结晶构造不同，敲凿方式也不一样，我们就可以分清那是哪种矿物了。

**无色矿物**

石英

**有色矿物与无色矿物**

要把它分裂成细小碎块，得多敲凿几次。

# 测量比重

 ## 比重是什么

要是把水的重量视为1，那和它同等体积的物体与它相比究竟重多少，这就是比重。不同的矿物比重也是不一样的。

要测量石头的比重，就把它放入水中。货真价实的矿物或者岩石是比水要重的（比重是1以上），但也有浮在水面的类型。比如浮岩，它是流纹岩的一种，形成时里面的气体逸散出去，形成了很多小孔。空气进到小孔里面，导致比重轻了，就会在水里浮着。

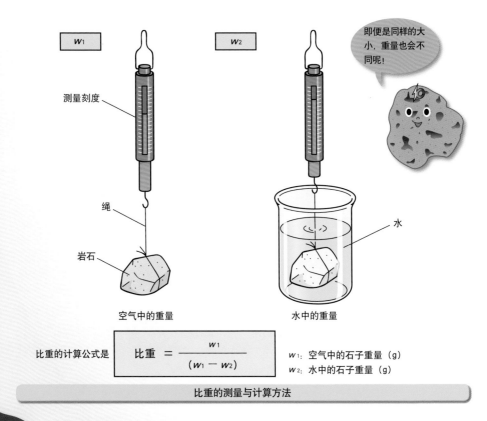

$W_1$

$W_2$

即便是同样的大小，重量也会不同呢!

测量刻度

绳

岩石

水

空气中的重量

水中的重量

比重的计算公式是 $$比重 = \frac{w_1}{(w_1 - w_2)}$$

$w_1$：空气中的石子重量（g）
$w_2$：水中的石子重量（g）

比重的测量与计算方法

# 矿物的比重

矿物的比重是恒定的。测量出这些比重，是分辨矿物的途径之一。

| 矿物的比重率 | |
| --- | --- |
| 石墨 | 2.2 |
| 玛瑙 | 2.6 |
| 长石 | 2.6 |
| 石英 | 2.7 |
| 云母 | 2.8 |
| 虎眼石 | 2.9 ～ 3.4 |
| 橄榄石 | 3.2 |
| 辉石 | 3.3 |
| 黄玉 | 3.5 |
| 方铅矿 | 7.6 |
| 水银（自然汞） | 13.5 |
| 自然金 | 15.2 ～ 19.3 |

矿物的比重根据其内含的元素种类或结晶构造也会有差异。含有金属的矿物，比重会变大。自然金、汞、含有铅的方铅矿也拥有很大的比重。

同样是碳元素组成的石墨（比重 2.2）和金刚石（比重 3.6）外表差异较大，比重也有区别。这是因为其结晶结构不一样造成密度有差异。

# 测试一下矿物吧

 **测试硬度**

摩氏硬度是用来表示矿物硬度的。其原理是通过矿物的互相摩擦撞击产生的伤痕来判断其硬度。这和你大力敲打那种物理性加力时感受到的硬度是不一样的概念。摩氏硬度如下表所示,分成10级。

要精确地测量硬度,最好就是把在硬度计上测量过的矿物,和你想测的矿物互相擦击,但实际上很多时候并没有这么刚刚好符合基准的矿物在手。这时候就要利用身边的物体来达成目的了。比如可以

用指甲或者钉子,人的指甲硬度大概是2+,钉子则是 5+。用钉子划能造成伤痕的话,那矿物硬度大约就是5左右。

除了这些也可以用小刀来划一划。硬度在6以上的岩石或矿物,刀子是很难将其划伤的。长石和石英硬度都在6~7,如果很难将石头划伤,那那个岩石多数含有大量的石英或长石。

用自动铅笔的出芯处或者钥匙等也可以代替小刀使用。

**摩氏硬度**

| 柔软 | | 指甲<br>2+ | 10 元硬币<br>3+ | | 钉子／小<br>5+ |
|---|---|---|---|---|---|
| 1 | 2 | 3 | 4 | 5 |
| 滑石 | 石膏 | 方解石 | 萤石 | 磷灰石 |

**使用酸试验**

矿物的其中一项性质就是溶于酸。方解石的成分是碳酸钙，能与酸反应溶解，生成气体（二氧化碳）。所以如果把含有方解石的岩石放在酸里，有气泡冒出的话，就能分辨出来了。

用盐酸等现象会更明显，不过一般家庭很少会用，所以可以用食醋来代替。如果整个岩石都有气泡冒出来的话，就表示那块岩石里含有大量的方解石。大理岩、石灰岩就含有大量方解石。

贝壳碎片 蛋壳碎片 具有相同效果

冒出白色气泡

*操作盐酸的时候要注意安全，盐酸具有腐蚀性

摩氏硬度是由德国矿物学家腓特烈·莫斯首先提出的测量方法哦

| | | | | 坚硬 |
|---|---|---|---|---|
| 6 | 7 | 8 | 9 | 10 |
| 正长石 | 石英 | 黄玉 | 刚玉 | 金刚石 |

# 去参观矿物展吧

在日本东京、名古屋、大阪等地会举办一些关于矿物、化石的展销会（mineral show／mineral fair）。在那里可以看见各种在世界各地出产的矿物或化石实体，还可以购买它们。

就如第16页内容所示，世界上有大约4700种矿物，我们平常能接触到的只有100多种。能一次性看到世界各国的珍奇矿物的机会是很少很少的哦。它们实际上呈现出怎样的颜色和形状，大小又如何，请过去自己观察确认一下吧。

矿物展不但有参观购买的项目，有些展会也会开设宝石研磨或切割体验哟。

见过各种矿物的丰富多彩的模样，应该就会加深理解了吧。让我们去一窥矿物的世界吧。

很开心呀

第 19 届东京矿物展

# 能见到岩石、矿物的博物馆

中国国内有各种大大小小的博物馆。其中有专门开辟岩石、矿物专馆的地方。即便不是专门展示岩石、矿物，也有进行部分种类展示的展馆，如果有机会去参观一下吧。一定会发现漂亮有趣的矿物哟。

在本书只是介绍了一小部分的博物馆。不同的展馆开馆时间、闭馆日、入场费等都是不一样的，去之前一定先确认好哦。

## 中国地质博物馆
地址：北京市西城区西四羊肉胡同 15 号
邮政编码：100034
电　话：010-66557858
电子信箱：webmaster@mail.gmc.org.cn
网址：http://www.gmc.org.cn/

## 中国地质图书馆
地址：北京市海淀区学院路 29 号　邮编：100083
电话：办公室：(010)66554848
文献借阅：66554900、66554949
咨询服务：66554800
科技查新：66554700

## 中国科学技术馆
地址：北京市朝阳区北辰东路 5 号
邮编：100012
服务电话：010-59041000
E-mail：ticket@cstm.org.cn
网址：http://cstm.cdstm.cn/

## 北京自然博物馆
地址：北京市东城区天桥南大街 126
邮政编码：100050
联系电话：010-67031637
传真：010-67021254
电子邮件：office@bmnh.org.cn
网址：www.bmnh.org.cn

## 河南省地质博物馆
地址：河南省郑州市郑东新区金水东路 18 号
联系方式 0371-68108999
网址：http://www.hngm.org.cn/Default.aspx

## 山西地质博物馆
地址：山西省太原市滨河西路北段（省博物院北侧）
电话：0351-4069643
网址：http://www.sxgm.org/

## 中国煤炭科技博物馆
地址：江苏省徐州大学路 1 号中国矿业大学南湖校区
邮编：221116
联系电话：0516-83592150
网址：http://bwg.cumt.edu.cn/main.htm

## 中国磷矿博物馆
地址：湖北省保康县马桥镇尧治河村

## 上海科技馆
地址：浦东新区世纪大道 2000 号（近二号线上海科技馆站）
服务电话：021-68542000
网　址：http://www.sstm.org.cn/kjg_Web/html/defaultsite/portal/index/index.htm

## 中国地质大学逸夫博物馆
地址：湖北省武汉市洪山区鲁磨路 388 号
邮编：430074
电话：027-67883344
网址：http://mus.cug.edu.cn/Default.aspx

## 北京铁矿博物馆
地址：北京市密云县巨各庄镇豆各庄村首云铁矿公园
邮编：101501
公司电话：010-61039585
公司网址　http://jingbjtkbwg821.e-fa.cn/

安徽古生物化石博物馆
安徽省地质博物馆
北京大学地质博物馆
北京地质博物馆
本溪地质博物馆
常州中华恐龙馆——中国地质博物馆常州馆
房山地质公园博物馆
阜新海州露天矿国家矿山公园博物馆
甘肃地质博物馆
广东地质博物馆
广东省丹霞山博物馆
广西地质博物馆
贵州地质博物馆
贵州关岭化石群地质博物馆
贵州省织金洞岩溶博物馆
河北省野三坡地质博物馆
河北武安国家地质公园博物馆
河南省地质博物馆
河南省嵩山地质博物馆
河南省王屋山地质博物馆
河南省云台山地质博物馆
黑龙江省地质博物馆
黑龙江嘉荫县神州恐龙博物馆——中国地质博物馆嘉荫馆
湖北地质博物馆
湖北省黄冈市李四光纪念馆
湖南省地质博物馆
黄山地质博物馆
吉林大学地质博物馆
吉林省大布苏国家级自然保护区乾安泥林博物馆
吉林省靖宇火山矿泉群地质博物馆
江苏省江阴国土资源科普馆
江西省地质博物馆
开滦博物馆
兰州市地震博物馆
辽宁省本溪地质博物馆
辽宁省朝阳古生物化石博物馆
辽宁省义县宜州化石馆——中国地质博物馆辽西馆
洛阳地质博物馆
南京地质博物馆
宁夏地质博物馆
青海省国土资源博物馆
山东省地质博物馆
山东省临朐山旺古生物化石博物馆
山东省天宇自然博物馆

上海崇明岛国家地质公园世界河口沙洲水文化展示馆
深圳国家地质博物馆
四川省自贡恐龙博物馆
天津地质博物馆
天津蓟县地质博物馆
天津市蓟县中、上元古界国家自然保护区陈列馆
五大连池世界地质公园博物馆
咸宁地质博物馆
新疆地质矿产博物馆
新疆奇台硅化木——恐龙国家地质公园博物馆
盱眙地质博物馆
烟台自然博物馆——中国地质博物馆烟台馆
延庆地质博物馆
云南省澄江动物群国家地质公园博物馆
云南省地质博物馆
长安大学地质博物馆
浙江东方地质博物馆
郑州地质博物馆
织金洞地质博物馆（贵州）
中国地质科学院岩溶地质研究所中国岩溶地质馆
中国地质调查局武汉地质调查中心龙化石博物馆
中国第四纪冰川遗迹陈列馆
中国雷琼湖光岩世界地质公园火山博物馆
中国雷琼世界地质公园海口园区火山科普馆
中国禄丰国家地质公园博物馆——中国禄丰恐龙大遗址
中国西峡恐龙蛋化石博物馆——中国地质博物馆西峡馆
重庆綦江木化石——恐龙足迹地质博物馆

去之前要确认当天是否开馆哦。

## 主 编 的 话

雾烟沐浴着朝霞，云霭舒展。
露珠附于片叶上。夜雨打湿了叶儿，水滴从叶尖处滑落。
很快融于泥土，浸润地层，变成了清泉，变成了沼泽，变成了淙淙小溪。
它们流动往复，河川冲蚀大地，瀑布怒涛翻滚，推倒岩石。
形成了晶晶闪闪的矿物，让人心动的岩石……

白昼，雷鸣滚滚。响彻天空，震荡苍穹。
喷薄而出的灾难之石……那力量让大气为之震动，令云朵如坠火炉。
黑暗之中……天雷怒吼，
声音回响于碧落，轰、轰、轰、轰……而后归于静寂。
今天又是葛藤在地底下争相向上迸发生长的炙热世界。

夜晚的海边。涨潮的海涛声声喧嚣。波浪翻上来，退下又再一拥而上。
这水波涟漪就这样单调重复着，让人昏昏欲睡。
昨夜的暴风雨在呼啸，怒涛在嘶吼。一如尽情敲击的激烈鼓点。
那咆哮……已然消失。
刻下悠久的时代，巡回整个宇宙。
岩石就这样被撞击、被损坏或破坏，它们碎裂，沉淀堆积。
形成了晶晶闪闪的矿物，让人心动的岩石……

火石之雨，火云之川，而后静寂昭示了又一个历史。
这个往复循环生生不息的地球……岩石、矿物……迸发绽放的生命之歌！
而时间仍在流逝，川流不息。

在那样的世界里，你又看到了什么？

时过境迁，阳炎下的空气在摇动。
元素、原子、矿物、结晶……
不久后……它们聚集，成型，变成了"矿物"……吗？
在此刻，安闲静谧之时，也是细石成为大岩之时。

踏过悠久的时代而来，时间又将流逝而去。
正是往下一个新世界，即将启程之时。

**円城寺守**

# 索 引

图书在版编目（CIP）数据

神奇的矿物 ／（日）円城寺 守著；彭昭亮，雨晴译.－－北京：中国林业出版社，2017.2
（爱自然巧发现）
ISBN 978-7-5038-8911-0

Ⅰ. ①神… Ⅱ. ①円… ②彭… ③雨… Ⅲ. ①矿物－青少年读物 Ⅳ. ①P57-49

中国版本图书馆CIP数据核字（2017）第022026号

| 助理编辑/设计 | G-Grape 株式会社 |
| 摄影 | 木藤富士夫 |
| 插图/排版 | 鹤崎泉美、片庭稔、下田麻美 |
| 助理摄影 | Paylessimages（p2、5、6、7、10、20、28、48、75、106、109）、PPS通讯社（p74）、株式会社扇誉亭（p77）、Jewelry Box（p78、79、85）、Getty Images（p82）、独立行政法人产业技术综合研究所（P92）、Planey商会（p117） |
| 参考文献 | 地学团体研究会编（1996年）《新版地学事典》平凡社出版<br>国立天文台编（2010年）《理科年表2011》丸善出版 |

## 神奇的矿物

| 出　版 | 中国林业出版社（100009 北京西城区德内大街刘海胡同7号） |
| 网　址 | http://lycb.forestry.gov.cn |
| 电　话 | (010) 83143580 |
| 发　行 | 中国林业出版社 |
| 印　刷 | 北京雅昌艺术印刷有限公司 |
| 版　次 | 2017年6月第1版 |
| 印　次 | 2017年6月第1次 |
| 开　本 | 787mm×1092mm　1/32 |
| 印　张 | 3.875 |
| 字　数 | 100千字 |
| 定　价 | 32.00元 |

ⓒMaroruEnjyouji 2011
版权合同登记号：01-2016-1798
本书刊载的内容不得在不经许可的情况下转载或在映像、网页上使用，否则会构成侵害著作权。